清洁行业职业技能等级认定培训教材 QINGJIE HANGYE ZHIYE JINENG DENGJI RENDING PEIXUN JIAOCAI

清洁服务技术

（高级）

人力资源社会保障部教材办公室　组织编写

中国劳动社会保障出版社

图书在版编目（CIP）数据

清洁服务技术：高级/人力资源社会保障部教材办公室组织编写. -- 北京：中国劳动社会保障出版社，2021

ISBN 978-7-5167-4083-5

Ⅰ.①清… Ⅱ.①人… Ⅲ.①清洁卫生 – 商业服务 – 技术培训 – 教材　Ⅳ.①TS975.7

中国版本图书馆 CIP 数据核字（2021）第 059254 号

中国劳动社会保障出版社出版发行

（北京市惠新东街 1 号　邮政编码：100029）

*

北京市白帆印务有限公司印刷装订　新华书店经销
787 毫米 × 1092 毫米　16 开本　15.25 印张　213 千字
2021 年 7 月第 1 版　2021 年 7 月第 1 次印刷
定价：50.00 元

读者服务部电话：（010）64929211/84209101/64921644
营销中心电话：（010）64962347
出版社网址：http://www.class.com.cn

版权专有　　侵权必究

如有印装差错，请与本社联系调换：（010）81211666
我社将与版权执法机关配合，大力打击盗印、销售和使用盗版图书活动，敬请广大读者协助举报，经查实将给予举报者奖励。
举报电话：（010）64954652

专家委员会

主　任　张　红

委　员（排名不分先后）
　　　　　张立静　薛　荣　张　宁　李志弘　贺培尔　魏　欣
　　　　　周绍俊　凌永富　李群池　张希军　雷英杰　平贵忠
　　　　　刘　径　卢　波　刘英勇　丁常生　张　凯　李高萍
　　　　　罗荣林　佟佳杰　张　清　王建秋　陈浩宁　黄德明
　　　　　周铁平

编审委员会

主　任　张　红

委　员（排名不分先后）
　　　　　张立静　张　宁　李志弘　单德刚　李永刚　徐德水
　　　　　魏　欣　张　清　王建秋　陈浩宁　任奉民　范师远
　　　　　杨　翊　张浩东　金耀辉　余　军　杨　萍　刘东华

编审人员

主　编　张　红

编　者　张辰洋　王跃辉　贾　薇　徐翠霞　王伟仁　刘　伟
　　　　　余　军　张定远　胡其斌　王孝满　张　旺　陶开宋
　　　　　杨　健　张雅菊　欧代贵　李　东

主　审　张立静

审　稿　王建秋　陈浩宁　张圣梓　王　欢　刘艳静

内容简介

本教材在编写过程中紧紧围绕"以企业需求为导向,以职业能力为核心"的理念,力求突出职业技能培训特色,满足职业技能培训与考核的需要。

本教材详细介绍了高级清洁服务人员应该掌握的理论知识和操作技能,主要内容包括:地毯的清洁与保养、弹性地材的清洁与保养、石材的清洁与保养、木地板的清洁与保养等。每一章后均安排了思考题,供读者巩固、检验学习效果时参考使用。

本教材是高级清洁服务人员技能培训与考核用书,也可供相关人员参加在职培训、岗位培训使用。

编者的话

为积极响应习近平主席提出的"建设知识型、技能型、创新型劳动者大军"的号召，贯彻李克强总理提出的关于"加快培养国家发展急需的各类技术技能人才"的工作指示，编者结合行业工作现状，针对清洁服务行业从业人员的职业培训和教育特点，立足职业技能培训、促进就业、人才队伍建设三个工作维度，为广大清洁服务行业从业人员带来了一整套技能培训教材。

北京建筑设施服务企业协会针对国内建筑设施清洁行业没有完善的职业教育体系的现状，从职业标准角度思考，着手主编了《清洁服务技术》《清洁运营管理》《清洁培训师》等市场迫切需要的技能培训教材，再通过CSTTT进行培训师培训，构建出包括经验规范、培训标准、运营管理等特色内容的清洁服务行业教学模式。教材从实际出发，针对新环境下清洁技术发展和人才培养需求，着重于帮助清洁服务行业从业人员职业能力成长和服务质量提升。

本套教材的编写得到了全国各清洁行业协会、企业及相关专家的大力支持，每个章节内容的设计和编写均由相应领域的资深团体或人士经研究推敲后完成。编者集结全国建筑设施清洁行业的力量，突出群智优势，在知识内容的全面性、专业性、权威性方面尽可能做到并重，力求打造建筑设施清洁行业培训的权威教材。

让我们翻开本书，共同探索建筑设施清洁服务的"洁净精微"之道。

张　红

北京建筑设施服务企业协会

2019年5月

鸣 谢

在此，向以下单位及个人表示诚挚的感谢！（排名不分先后）

社会团体

北京建筑设施服务企业协会	武汉市清洁行业协会
黑龙江省清洗保洁行业协会	天津市清洁行业协会
重庆市清洁服务行业协会	

企业

天津科翼鑫益达科技发展有限公司	北京美你石石材养护技术有限公司
重庆汇居保洁服务有限责任公司	深圳市明喆物业管理有限公司天津分公司
苍南县胜丰棉制品有限公司	天津津滨联合物业服务有限公司
烟台奥亚石材应用技术有限公司	北京三和晨光科技发展有限公司
昆山裕菖麦克清洁设备有限公司	哈尔滨哈飞综利环境工程有限责任公司
北京新奥靓洁环保科技服务有限公司	北京信宇佳清洁服务有限责任公司
北京世纪保丽保洁服务有限公司	北京洁满仓科技有限公司
北京信宇佳信息科技有限公司	北京弘范智汇管理顾问有限公司

目录 Contents

第1章

【地毯的清洁与保养】

- 第1节 地毯的分类及结构特点 3
- 第2节 地毯清洁保养知识 9
- 第3节 地毯的清洁技能 28
- 第4节 地毯的保养技能 38
- 思考题 40

第2章

【弹性地材的清洁与保养】

- 第1节 弹性地材的分类及结构特点 43
- 第2节 弹性地材清洁保养知识 45
- 第3节 弹性地材的清洁技能 54
- 第4节 弹性地材的保养技能 64
- 思考题 68

第3章

【石材的清洁与保养】

- 第1节　石材的分类和特性..........71
- 第2节　石材清洁保养知识..........75
- 第3节　石材地面的清洁与防护技能..........110
- 第4节　石材地面研磨抛光和日常维护保养..........123
- 第5节　石材地面的再抛光保养技能..........132
- 第6节　石材地面的再结晶保养技能..........138
- 思考题..........143

第4章

【木地板的清洁与保养】

- 第1节　木地板清洁保养基础知识..........147
- 第2节　木地板的清洁保养知识..........152
- 第3节　木地板的清洁技能..........169
- 第4节　木地板的保养技能..........203
- 思考题..........230

第 1 章

地毯的清洁与保养

第1节 地毯的分类及结构特点

▶ 一、地毯材质

地毯种类众多,常规地毯可分为羊毛地毯、尼龙地毯、丙纶地毯、涤纶地毯、腈纶地毯、人造丝地毯、天蚕丝地毯、剑麻地毯及其他众多材质地毯。本书综合考虑纤维材质、结构特色及生产工艺等因素,把地毯分为羊毛地毯、尼龙地毯、真丝地毯和特种材质地毯四大类。

▶ 二、地毯结构

1. 圈绒地毯

圈绒地毯的纱线被簇植于主底布上,形成一种不规则的表面效果,如图1-1所示。由于簇杆紧密,圈绒地毯不仅耐磨而且维护方便。圈绒地毯以其优质、精美、耐用、价廉的特点,适用于城市公共建筑、酒店、商务写字楼等踩踏频繁地方的地面装饰。

图1-1 圈绒地毯表面

2. 割绒地毯

割绒地毯是对地毯表层的毛绒进行剪割工艺处理，使表面布满绒毛，看上去更柔软，如图1-2所示。割绒地毯的绒面结构呈绒头状，绒面细腻、触感柔软，绒毛长度一般在5～30 mm。绒毛短的地毯耐久性好、步行轻捷、实用性强，但缺乏豪华感，其舒适度、弹性也较差。绒毛长的地毯柔软丰满，弹性与保暖性好，脚感舒适，具有华美的风格。

图1-2　割绒地毯

3. 高割低圈地毯

高割低圈地毯是对地毯表层毛绒的一部分进行剪割处理，另一部分保持圈绒状态，剪割后割绒部分绒头较高，圈绒部分绒头较低，形成立体的图案，如图1-3所示。

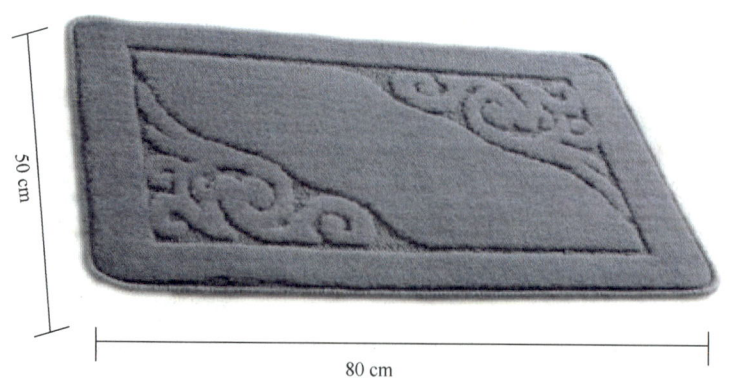

图1-3　高割低圈地毯

4. 平割平圈地毯

平割平圈地毯是指将割绒面与圈绒面按规则平面排列，利用圈绒和割绒不同的视觉效果形成花纹的地毯，如图1-4所示。这种地毯与高割低圈地毯相比缺乏浮雕质感，但清洁难度相对较小。

图1-4 平割平圈地毯

▶ 三、地毯工艺

1. 手工枪刺地毯

手工枪刺地毯是人工用刺枪编织的地毯。手工枪刺地毯以羊毛或尼龙为材料，经过图案设计、配色、染纱、挂布、手工枪刺、涂胶、挂底布、平毯、片毯、洗毯、回平、修整等十几道工序，将地毯绒头纱人工植入特制的胎布上，将各种色线组合成精美图案，然后在毯背涂刷胶水，再附上底布，手工包边而成，如图1-5所示。

手工枪刺地毯的清洁维护主要依靠清洁服务师的日常吸尘工作和及时有效的地毯除渍，使用稀释的洗涤剂清洗局部难以清除的顽固污渍或平放冲洗。除此之外，清洁服务师还需要进行机械化深度地毯清洗或配合地毯厂商进行全面保养。

图1-5 手工枪刺地毯制作中

2. 手工编织地毯

手工编织地毯也称手工打结地毯,是指不采用任何机器设备,完全用手工编织的地毯,如图1-6所示。手工编织地毯有非常多的编织技巧。因为手工编织地毯是将丝线或毛纱拴在经线上形成一个扣,所以编织方法也以各种扣来命名,如连环扣、马蹄扣、梅花扣、组合扣、小辫扣、八字扣等。织工们只有在编织的过程中,根据图样花纹的需要,灵活运用这些编织技巧,才能编织出品质上乘的手工地毯。所以,手工地毯的编织工艺决定了这种类型地毯具有大量的清洁死角,彻底清洁的难度较大。

对于手工编织地毯,除了之前提到的日常吸尘、除渍之外,最高效的清洁方式是利用蒸汽清洁机进行清洗或整体干洗。

3. 机织簇绒地毯

图1-6 手工编织地毯

机织簇绒地毯属于机械制造地毯的一大分类,它不是经纬交织,而是将绒头纱线经过钢针插植在地毯基布（多为黄麻材质）上，然后经过后道工序上胶握持绒头而成，如图1-7所示。由于这种地毯生产效率较高，因此是酒店装修的首选地毯。机织簇绒地毯常铺设于走廊或大厅这类大面积使用地毯的环境。

机织簇绒地毯日常需要用吸尘器进行吸尘，配合定期的地毯清洗机清洁，可以很好地维持其清洁效果。

图1-7　机织簇绒地毯横截面

4. 机器编织地毯

机器编织地毯是指用机器通过经纱、纬纱、绒头纱三纱交织，经上胶、剪绒等后道工序整理而成的地毯，如图1-8所示。机器编织地毯生产效率低于机织簇绒地毯。机器编织地毯还可以细分为威尔顿地毯和阿克明斯特地毯。二者的区别在于威尔顿地毯属于双层织物结构，生产效率略高于单层织物结构的阿克明斯特地毯。清洁服务师只需要了解这两种地毯都属于机器编织地毯即可。

图1-8　机器编织地毯

与手工编织地毯类似，机器编织地毯结构内部清洁死角较多，会给清洁工作造成不便。因此，对机器编织地毯最好采用残水量较少的清洁方式，以免水分深入死角造成霉变、色变等问题。

5. 机织方块地毯

机织方块地毯也称方块地毯或办公地毯，机器制造出来的方形地毯块可拼接成片，如图1-9所示。机织方块地毯的大小分英制和公制两种。公制尺寸有：50 cm×50 cm、100 cm×100 cm。英制尺寸有：18 in（1 in=2.54 cm）、24 in和36 in。这种地毯适用于办公室、会议室以及飞机场等公共空间。

　　机织方块地毯是机织地毯的一种变形，便于铺设，主要材质是尼龙，其防水、防污效果比一般地毯更好，所以清洁时自由度较高，可以选用泡沫清洁或直接喷洒清洁剂进行刷洗。但具体操作时要慎重选择具有活性成分的清洁剂，尤其应避免使用含氯清洁剂，以免造成地毯脱色。

图1-9　拼接完成的机织方块地毯

第2节 地毯清洁保养知识

一、地毯清洁知识

1. 地毯污渍识别

（1）地毯污渍分类

1）水溶性、干性污渍。这里所说的水溶性污渍是指污渍开始出现在地毯上时的状态。地毯上的很多污渍开始时都是以液态形式出现的，经过一段时间的水分挥发，才转换成油性污渍或干性污渍。大部分地毯污渍都属于水溶性或干性污渍，包括尘土、沙粒、淀粉、软饮料、茶汁、水果汁等，特别是微细的尘土、工作与生活中产生的脱落物，它们大多黏附在地毯表层，较大的脏物颗粒会滑落到承托层上。

2）油性污渍。这里所说的油性污渍是指从开始就以油性形态出现在地毯上的污渍及由水溶性物质在一定时间内挥发后留下的污渍，包括动植物油、化妆品、鞋油、圆珠笔油等形成的污渍。

3）蛋白质基污渍。这里所说的蛋白质基污渍是指人体或动植物遗留下的、以蛋白质基为基础物质的污渍，包括各种血迹、呕吐物、尿、食品等形成的污渍。

（2）地毯污渍判定依据

1）根据污渍的颜色、外观和气味来判断。当人们看到的时候，污渍大多已经过了水分挥发的过程,是已经被带到地毯表面的污渍,污渍类型不同,其颜色也有所不同。

2)根据地毯周围环境、使用区域和地点来判断污渍类型。例如,在餐厅区域可以判断出是食物类型的常规污渍,在施工现场区域可以判断出是装饰油漆类的化学物污渍,在家用地毯区域可以判断出是食物类型的污渍等。

3)通过询问污渍的来源判断污渍类型。例如,可以在酒店客房现场询问污渍的来源、在办公室询问污渍的来源等,通过明确污渍的真正来源选用不同的去污方法。

2. 地毯清洁常用设备与药剂

（1）常用地毯清洁设备

1)单刷机。单刷机装配洗地毯用的盘刷用于地毯清洗除污工作。盘刷比洗地刷质地略软。石材地面采用具有抛光功能的针盘百洁垫,比盘刷和洗地刷的质地都要硬一些。

单刷机在进行地毯清洁时,利用电子打泡箱,配合高泡地毯清洁剂,打出泡沫,顺着细管,通过盘刷的旋转与地毯接触,泡沫在高速旋转时,分解地毯表面及内部的污渍。如果不使用电子打泡箱,由单刷机自身打泡,打出的泡沫较少,水分更多,导致地毯干燥时间延长。在梅雨季节或通风不好的情况下,地毯会产生霉菌。

单刷机主要结构一般包括启动开关、调节手柄、水箱放水开关、水箱整体、电动机、水箱放水管、移动脚轮和盘刷,如图1-10所示。

使用前安装单刷机机头,调整好位置,把安装配件拿出来,将操作杆与机头的孔对准,如图1-11所示。

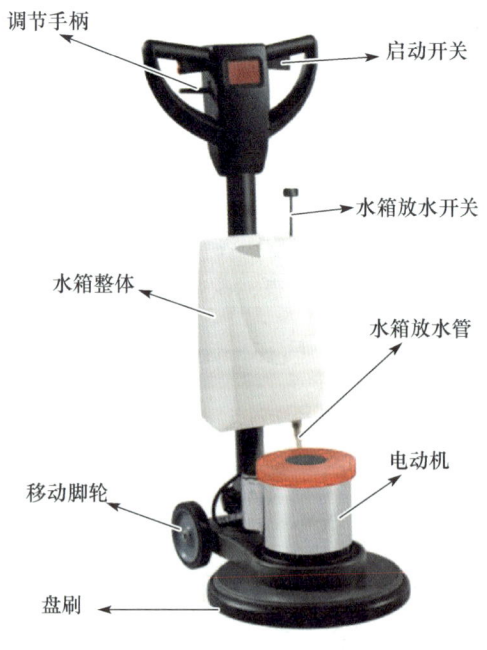

图1-10 单刷机主要结构

 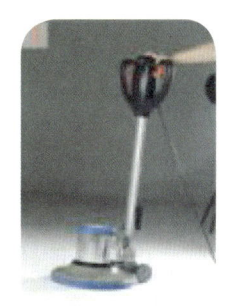

图 1-11　装备机头

操作杆安装好后，插上防水电源并盖紧防水帽，如图 1-12 所示。

 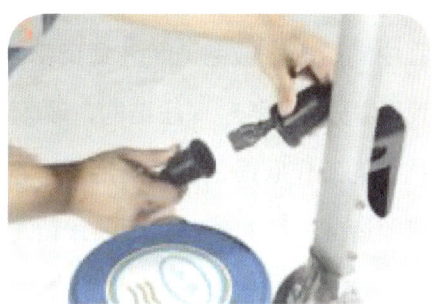

图 1-12　固定机头、插好防水电源

将水箱固定在操作杆上，注意水箱进水口与操作杆接口的封闭性，然后将水箱的放水拉链挂在操作把手的挂钩上，如图 1-13 所示。

 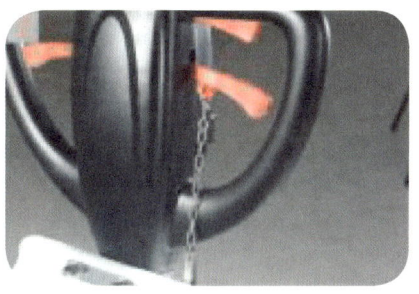

图 1-13　固定操作杆、扣放水拉链

将水管配件分别插到水箱下出水口及盘刷插口，把盘刷对好盘刷接口并扣紧，完成装配，如图 1-14 所示。

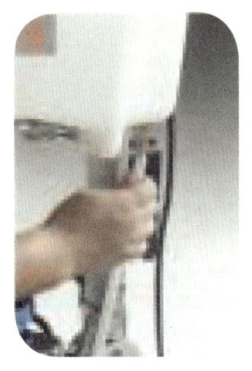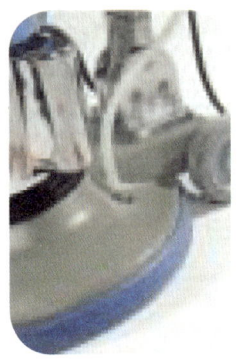

图 1-14　连接水路、固定盘刷

通常情况下，单刷机清洁地毯时需要单独配置吸水机，由另外一位清洁服务师在清洗过程中随时吸水或泡沫。注意负责吸水的清洁服务师尽量不踩踏已清洁的地毯，避免将表面水分踩入地毯深层结构，破坏清洁效果。

单刷机的工作原理是对表面污渍进行清洁，会将地毯表面污渍及灰尘翻转到地毯内部，可能造成地毯的药剂和污渍残留，长期反复使用单刷机有可能导致地毯形成水迹、板结、异味等"病变"，严重影响地毯"健康"。因此，对于贵重的地毯或长纤维地毯应慎用单刷机清洁，若使用，一定要用吸水机进行吸水作业，并定期使用高压蒸汽清洗机进行深入清洁。

2）地毯干洗机。地毯干洗机一般配合地毯干洗粉或地毯干洗剂进行清洁。相比于地毯湿洗设备，地毯干洗机的清洁流程相对简单，清洗后所需干燥时间较短，技术操作熟练后可以 10 min 速干。因此在使用上，地毯干洗机的灵活性更强，适用于人流量较高场所的地毯清洁，如酒店走廊和其他营业场所公共区域的地毯清洁。

在结构上，地毯干洗机主要由滚刷、收纳盒、电动机、底座、电源线等组成，如图 1-15 所示。

图 1-15　地毯干洗机结构

在使用地毯干洗机前，清洁服务师要先根据地毯情况使用地毯清洁剂，对地毯局部顽固污渍进行喷洒，然后再利用干洗机对地毯进行清洁。与单刷机不同，地毯干洗机在清洗地毯时只能以前后顺序清洁，不能左右移动或掉头，因此清洁服务师在清洗过程中要时刻保持机器在自己身前，后退着完成清洗工作，如图 1-16 所示。

脚踩哑扣调整手柄位置

双手自然搭放在手柄上，移动机器时保持身体直立

后退移动机器完成清洁

图 1-16　地毯干洗机使用方法

使用干洗机清洁地毯的方式主要有两种：一种是干洗粉清洁。另一种是地毯干洗剂清洁，由于主要区别在于使用清洁剂的不同，本书会在地毯清洁药剂的小节中具体分析这两种清洁药剂的清洁原理。

3）蒸汽清洗机。利用蒸汽清洗机清洁地毯的方式又称饱和蒸汽清洗。蒸汽清洗机的工作原理是通过机器的高温高压作用产生的饱和蒸汽，对地毯纤维表面的污渍物颗粒进行溶解，并将其瞬间汽化蒸发，同时以高温高压杀死微生物，让饱和蒸汽清洗过的地毯表面达到超净状态。蒸汽清洗机产生的饱和蒸汽是可以渗透任何细小孔洞和裂缝进行清洁的有效手段，通过高压冲洗和抽吸，对剥离、去除地毯纤维结构内部深层的污渍和残留物有一定优势。

蒸汽清洗机主要结构如图 1-17 所示。

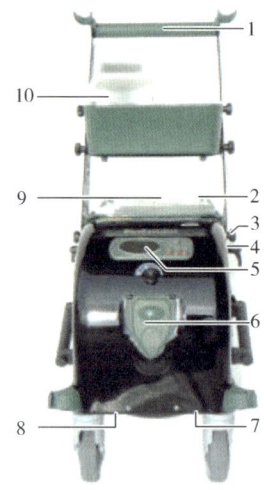

图 1-17 蒸汽清洗机主要结构

1—操作手柄 2—热水水箱加水口 3—操作手柄螺母锁定
4—操作手柄锁定杆 5—显示屏 6—蒸汽软管插口
7—热汽水箱排水阀 8—热水水箱排水阀
9—热水水箱加水口 10—配件箱

使用前调整手柄至双手水平放置的角度,顺时针方向转动拧紧手柄,如图 1-18 所示。

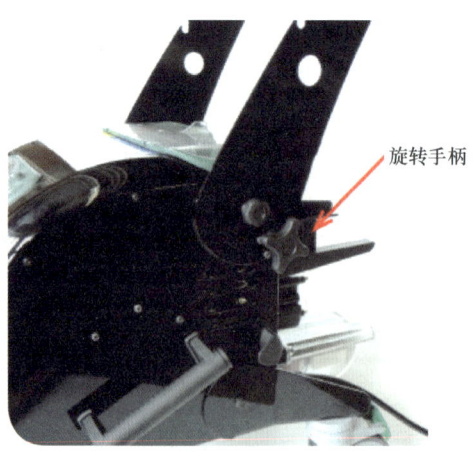

图 1-18 蒸汽清洗机的手柄调整

调整好手柄后,完成水箱和水路的准备工作,如图1-19所示。

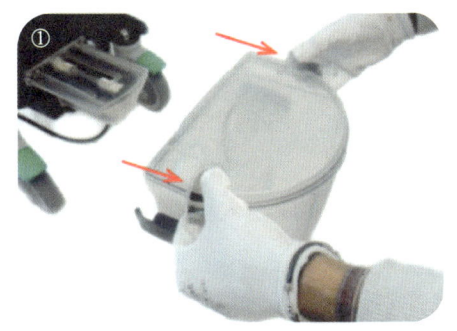

松开蒸汽水箱左右两端的夹子,
并将其从槽中取出

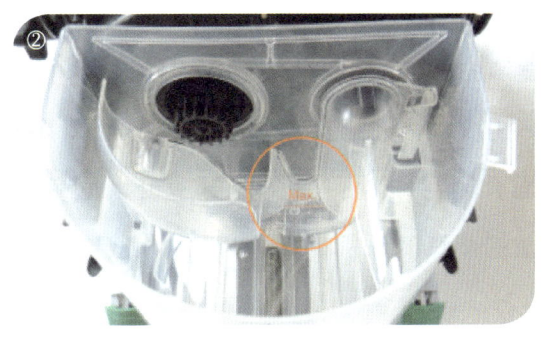

注入自来水至所示的最高水位线

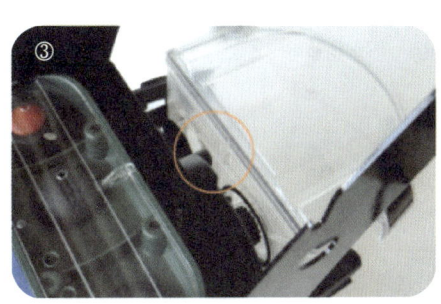

重新插入蒸汽水箱,确保阀盖上
的开关凸轮处于正确的位置

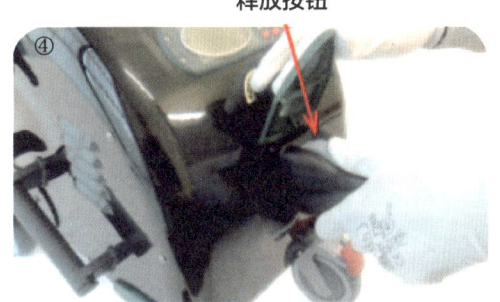

从设备上取下软管,按释放按钮,拉动连接器,将蒸汽软管的连接器插入插座,直到听到安全钩的咔嗒声

图1-19 蒸汽清洗机的水箱和水路准备

使用蒸汽清洗机时,先打开蒸汽开关产生蒸汽。待蒸汽顺畅喷出一段时间后,将蒸汽喷头或刷头轻轻压在地毯上,保持喷头与地毯面成45°左右的夹角,打开喷头开关,让蒸汽喷在需清洁的地毯表面,由身体远端向身前拉动喷头完成清洁,如图1-20所示。同时,遵从"从内到外,从左到右,从两边向中间"的基本顺序进行清洁。清洁后将地毯内污渍及残留药剂通过高温蒸汽吸水机吸入污水箱内。

蒸汽清洗机的喷头根据型号和用法的不同,一般分为有滚刷和无滚刷两种类型,清洁服务师需要参考蒸汽清洗机的使用说明进行操作。

上文介绍了无滚刷的小型地毯蒸汽清洗机,下面介绍另一种有滚刷、更适合大面积地毯清洗作业的蒸汽清洗机,如图1-21所示。

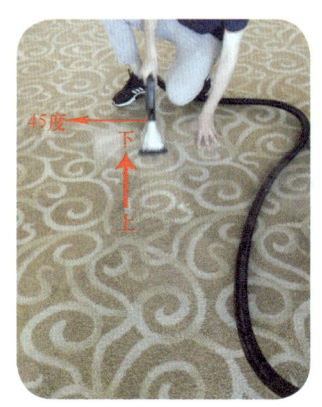

图1-20 蒸汽清洗机喷头使用图示

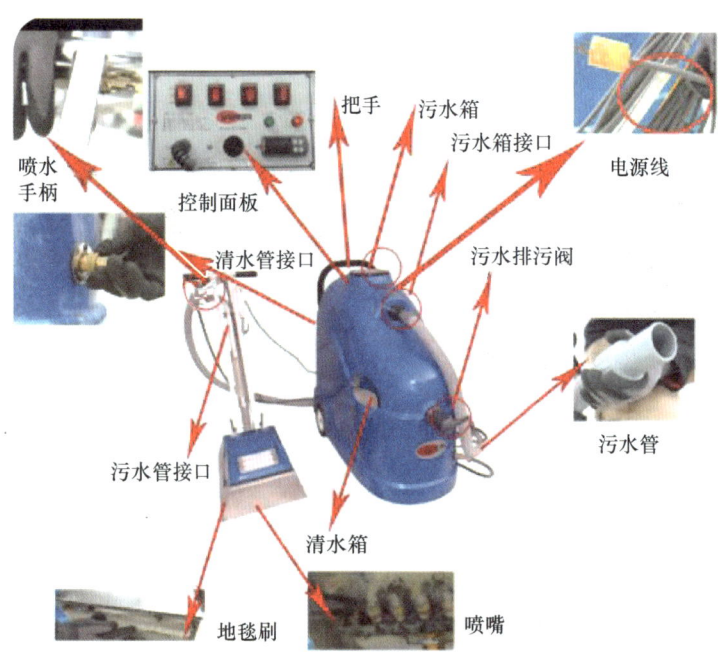

图1-21 地毯蒸汽清洗机

这种地毯蒸汽清洗机在使用前,同样需要进行水路连接的检查,完成水箱注水等常规操作步骤。具体操作方法如图1-22所示。

第 1 章　地毯的清洁与保养

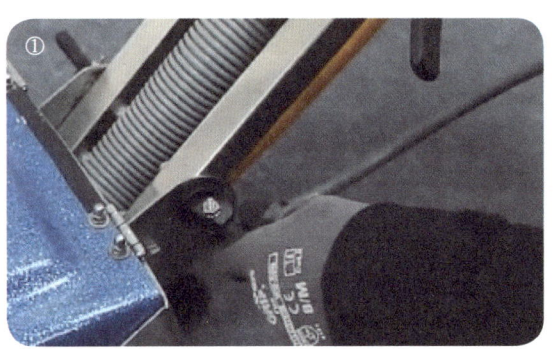

调整扒头至工作状态,手柄大约在胯部的位置

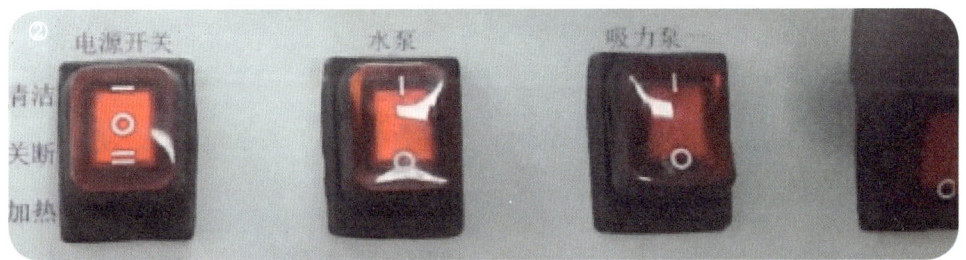

打开电源开关至清洁挡,打开水泵和两个吸力泵开关

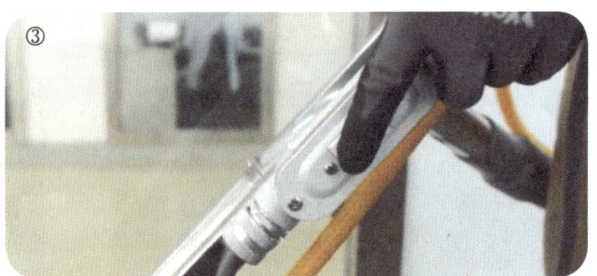

打开扒头上的地毯刷开关

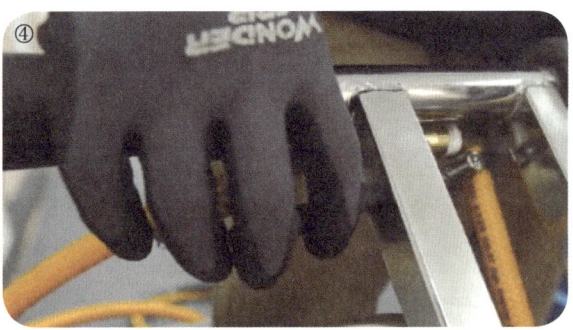

握紧喷水手柄

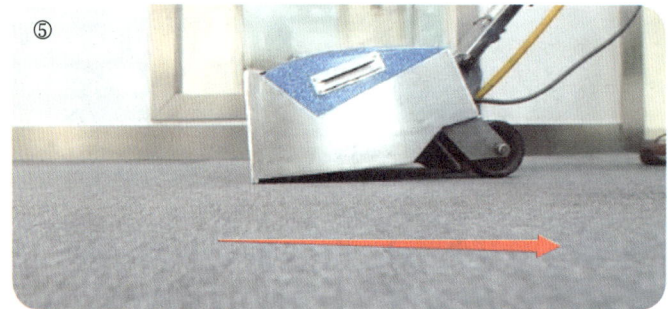

使扒头前方的吸力槽紧贴地毯,慢慢向后拖拉,开始清洗地毯

清洁完成后,放开喷水手柄

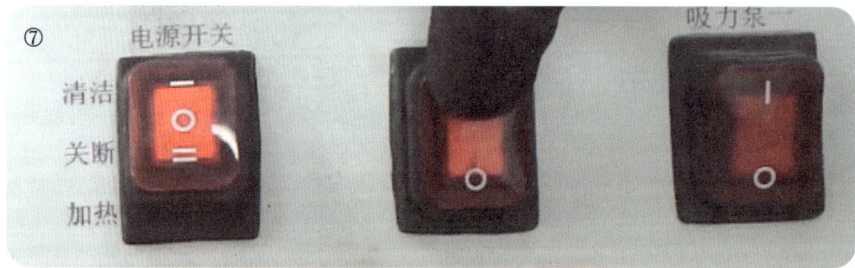

关闭水泵开关

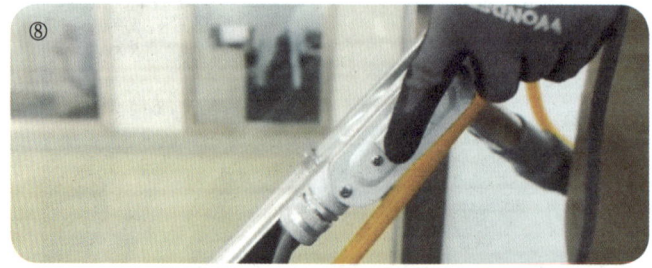

关闭地毯刷开关,将地毯上多余的水回收

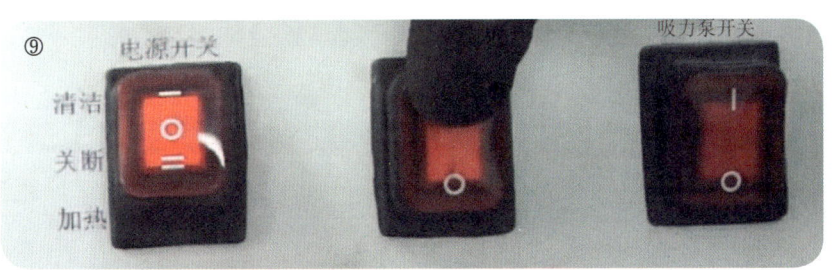

关闭吸力泵开关,关闭电源开关

图1-22 带地毯刷扒头蒸汽清洗机使用方法

整体而言,利用蒸汽清洗机清洗地毯时,喷头或刷头要顺着地毯纹路往返行进,避免在同一地点停留时间过长,造成蒸汽不能及时蒸发从而形成水迹,或高温破坏地毯材质。

蒸汽清洗地毯是一种环保高效的清洁方法,由于清洁主体是水蒸气,因而不存在化学污染因素。另外,经高温高压蒸汽清洗后,地毯内部和底部由于深度冲洗会较为湿润,需要使用吹风机进行加速干燥工作,在有条件的情况下可开窗通风,以免地毯发生霉变。

4)洗抽一体地毯清洗机。洗抽一体地毯清洗机可以做到在蒸汽清洁的同时吸除水分,避免清洁水下渗地毯造成霉变。在遇到顽固污渍时还可用盘刷加以洗擦。另外,配备的小型扒头可以对狭小空间的地毯进行清洁。因此,洗抽一体地毯清洗机是一种全能的地毯清洗设备。

在构造上,洗抽一体地毯清洗机的本体结构和主要配件如图1-23所示。

使用洗抽一体地毯清洗机前,先将主机、操作手柄、水箱及地毯刷安装好。按厂家说明检查好工况后,向水箱内加入适量含有清洁剂的水溶液,调整好手柄角度后,打开喷水、吸水和盘刷开关,后退着拉动机器完成清洁作业,如图1-24所示。

在较小的清洁空间中,清洁服务师可以将污水管与扒头配件相连完成清洁工作,如图1-25所示。

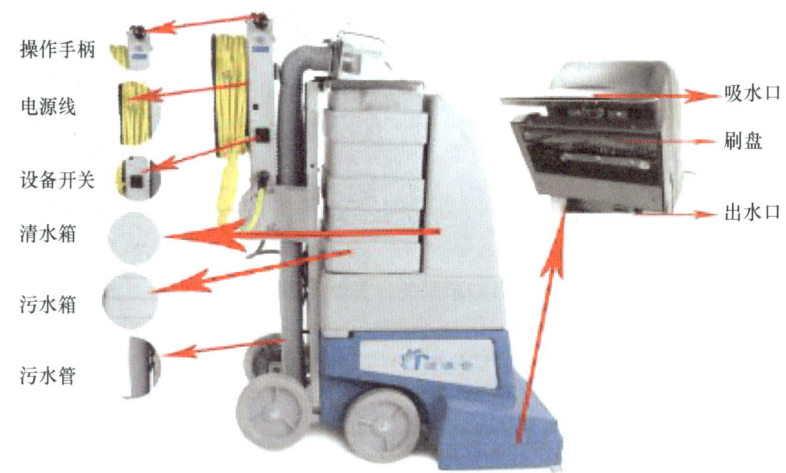

图 1-23 洗抽一体地毯清洗机的本体结构和主要配件

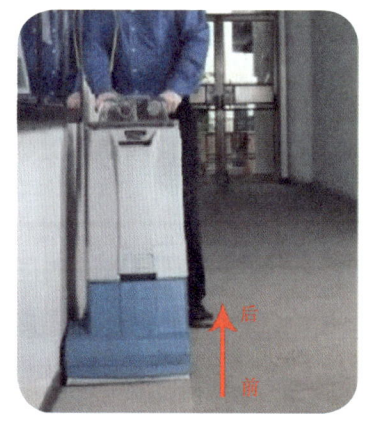

图 1-24 洗抽一体地毯清洗机运动方式

图 1-25 利用扒头配件清洗织物台面

（2）常用地毯清洁药剂

1）高泡清洁剂。高泡清洁剂是一种专业地毯清洁药剂，通常呈中性，适用于清洁各种长短毛地毯，泡沫丰富，去渍力强。清洗后地毯光洁、柔软、蓬松、鲜艳。配合电子泡箱使用，可以获得较好的清洁效果。使用时按照产品说明的比例兑水，加入地毯清洗设备的水箱或打泡箱待用即可，也可通过盘刷或其他工具进行手工清洗。高泡清洁剂一般用于地毯的日常清洁，对于地毯表层的污渍有显著的作用。

2）低泡清洁剂。低泡清洁剂是一种相对于高泡清洁剂而言的地毯清洁药剂，通常呈中性，由多种活性剂组成，在使用前一般需要按产品说明书要求用水进行稀释，配合抽吸式地毯清洗机实现清洁效果。清洁过程中基本不产生泡沫且黏度较低，利于吸除。与高泡清洁剂相比，低泡清洁剂更利于处理深层污渍，对地毯深层纤维结构的清理有着十分重要的作用。相比高泡清洁剂，低泡清洁剂的清洁成本相对较高，更适合中长周期的地毯清洁工作。

3）地毯干洗粉。地毯干洗粉适用于清除地毯上由墨水、食用油、酱油、果汁及各种饮料形成的污渍。由于地毯干洗粉产品多呈中性、化学性质稳定，加上清洁效果高效、环保，清洗后速干并能使地毯迅速恢复使用状态，因此其是酒店、高档会所、机场等场所清洗地毯时的常见选择。

地毯干洗粉通常由海绵状颗粒与各种清洁剂复合而成，播撒在地毯上即可与地毯污渍产生反应，分离污渍。由于整个过程无需用水或其他溶剂，因此得名。

地毯干洗粉清洁方法是一种化学与物理手段结合的清洁方法。

使用地毯干洗粉时，先将干洗粉按说明书规定用量均匀撒在地毯表面，然后打开干洗机按照顺序依次清洁。干洗机内部的滚刷会对地毯表面进行刷洗，然后将刷洗分离的污渍与干洗粉一起吸入机器收纳盒。除非有顽固污渍，干洗机尽量不在同一点长期停留，避免造成地毯纤维被滚刷破坏的情况。注意要顺着地毯纹路走向往复推动干洗机进行清洁。

4）地毯干洗剂。地毯干洗剂是另外一种地毯干洗药剂，外观一般为无色透明液体，呈中性。把它喷洒在地毯上后迅速渗透到地毯的深层部位，吸附并析出地毯内部潜藏的污渍，从而实现清洁，一般配合干洗机和吸尘器进行作业。

使用时先将雾状的地毯干洗剂均匀喷洒在地毯上，利用干洗机的滚刷把喷出的清洁剂均匀地涂抹在地毯纤维表面；由于干洗机滚刷摩擦产生温度，地毯干洗剂液体会在受热失去水分后连同剥离的地毯污渍形成固体结晶，最后用滚刷和吸尘器吸除结晶化污垢后完成清洁。地毯干洗剂相比一般的地毯清洁药剂，具有绿色环保的特性，由于结晶不含有表面活性剂，因此药剂残留量极小，更有利于延长地毯寿命。另外，地毯干洗剂的操作也相对简单，人工成本较低，还具有干洗粉清洁的速干特性，因此成为越来越多地毯使用者中度清洁时的选择。

5）消泡剂。泡沫清洁剂在使用中会产生大量泡沫，影响吸水效率，消泡剂正好解决这个难题。消泡剂一般为乳白色液体，属于活性剂，清洁服务师要避免皮肤与其直接接触，也不能直接倾洒在地毯表面。使用时应与打好泡的高泡清洁剂或低泡清洁剂一同加入水箱。

二、地毯保养知识

在地毯使用中，地毯清洁是一种恢复地毯功能的被动行为，它是基于地毯已经受到一定污染和破坏的前提下进行的，因此具有被动性。而地毯保养是在地毯正常使用的前提下，针对可能产生的地毯问题有计划进行预防工作的行为，以避免污染带来的地毯损耗，延长地毯使用寿命，因此具有一定的主动性。

当人们看到地毯上的尘土，意识到地毯需要清洁时，往往意味着地毯此时已经处于"非健康"状态，清洁工作很难再实现预期的效果。因为地毯上的绝大部分尘土是人眼不可见的，而当人们能看到地毯上的尘土时，其纤维结构内部已经充满了难以去除的细微灰尘并转化为细菌或霉变物的温床，直接降低了地毯的使用寿命。

正确的地毯保养能够预防类似情况发生，并让地毯保持较长时期的靓丽状态，长期合理的地毯保养可以降低清洁工作的强度。

1. 预防和保养周期

地毯的保养需要根据实际情况设定保养周期。保养周期的设定依据主要从五个维度考虑，即目标设定、地毯特性、环境变量、日常工作配合和周期养护评估标准。

（1）目标设定

一般来讲，地毯保养的周期目标就是在一年中的每一天都应保持地毯的清洁，但在实施过程中，由于环境、技术、地毯特性等因素的限制，往往不能时时保持绝对的清洁。因此在周期目标设定时，原则上要尽量确保地毯保养计划的有序和效果的可持续。至少保证地毯每天都保持良好的外观，在为人们提供舒适、温馨、安全、卫生环境的同时，确保地毯不会对室内空气产生不良影响。

（2）地毯特性

不同于不锈钢、玻璃等一般平面，地毯养护要照顾到其由表及里不同纤维层次的健康。多层次和延展性决定了地毯具有易于隐藏污染物的特性。据测定，一般可被清洁的地毯污染物仅为全部污染物的10%，剩下的大多被人们从表面踏进了深层纤维组织中。理解了这一点，就很好地解释了为什么地毯的清洁保养要优先从人流量较大的区域着手，而不是从更具价值的装饰地毯着手。也正是因为地毯的这一特性，所以其保养也应是全局性的，地毯保养周期的设定应当是针对特定地毯的问题进行及时处理。需要注意的是，不同地毯的特性决定了其不可能具有同样的保养周期和方法，在设定保养周期时要特别注意。

（3）环境变量

在设定保养周期前，要对地毯所处环境进行仔细的巡视，确认可能的污染源、潜在环境威胁以及人流量情况等，再根据这些实际情况制订巡查、吸尘、干洗、抽洗等保养计划和其他预防性措施。以地毯吸尘为例，一般来讲，人流量极少的区域，如很少使用的通道、会议室等，其吸尘频次为1次/周；人流量一般的区域，如个人办公室、贵宾室等处吸尘频次为1次/天；人流量较大的区域，如建筑物的主出入口、电梯间、主要通道等处，吸尘频次为每天2~3次或3次以上。

（4）日常工作配合

在保养周期内还需要在日常清洁中贯彻保养计划，日常工作需要配合保养周期计划的内容，按性质进行分类，包括污染源控制、日常除尘、个别污染清理、计划性清洗四个方面。

（5）周期养护评估标准

设定周期养护评估标准是养护质量的保障，要根据实际保养状况定期对现有的保养周期进行评估,找出问题所在,为下一周期提供改进工作的依据。从长期看,地毯养护的周期并不是固定的,随着季节、温度、湿度、人文条件的变化,地毯的养护周期可能会发生巨大的变化,因此,需要设立灵活的评估机制以应对这种变化,清洁服务师切不可在此环节上搞"一刀切"。

2. 地毯保养常用工具、药剂、设备准备

(1) 地毯保养工具

常用的地毯保养工具包括:盘刷、喷壶、超细纤维毛巾、刀片。

1)盘刷。盘刷是地毯除污的常用工具。用于地毯除尘的盘刷一般选用动物毛刷或尼龙刷这类不易伤及地毯纤维的刷类。

使用盘刷清洁地毯时一般配合地毯清洁剂进行。在喷洒地毯清洁剂并静置后,使用盘刷对毯面污渍部分进行刷洗,刷洗时盘刷的使用如图1-26所示。清理局部污渍时应遵循由污渍外延向污渍中心清洁的顺序,避免污渍因清洁扩散。盘刷要与地毯表面保持平行,不要下压盘刷,利用刷毛弹性轻轻刷洗地毯,行刷遵循"从里到外、从左到右、从两边到中间"的基本清洁顺序。使用后的盘刷用清水清洗,晾干后待用。

大拇指放在手柄上面,盘刷窄的方向朝向大拇指的方向

第1章 地毯的清洁与保养

将手轻轻放在盘刷上

用盘刷均匀用力，从上往下顺着地毯的纹路刷洗污渍

图1-26 盘刷使用方法

2）喷壶。喷壶也是一种地毯局部养护用工具，负责养护地毯的清洁服务师一般需准备两种喷壶，分别装有地毯清洁剂和清水。清洁服务师在巡检过程中遇到地毯的局部污渍时，可以喷洒清洁剂或清水进行除污工作；或者在地毯养护设备工作完成后，针对机器照顾不到的死角进行局部喷洒清洁，以实现补救性的保养效果。

喷壶在使用时要将喷头对准地毯污渍，喷头与地毯距离在 10～30 cm，距离越远药剂喷洒的面积越大。使用时还要注意避免将药剂喷洒到无须清洁的部分。

3）超细纤维毛巾。超细纤维毛巾用于清洁地毯养护工具表面，或吸收多余水分以免扩散。除了擦拭工具设备表面外,清洁服务师也可以选择将超细纤维毛巾作为下垫面,铺在地毯四周边缘。

4)刀片。刀片用于刮除地毯纤维表面的黏着物或切除地毯病变部位。纤维上的污垢经常会造成地毯的"健康"问题,需要用刀片慢慢地剔除。需要注意的是,用刀片清理地毯污垢的主要目的是令地毯纤维保持自然纹理,而不是完全去除污垢,所以清洁服务师只需用刀片将污垢的主体结构破坏,使地毯纹理呈现相对自然的状态即可,残余污垢由后续的机器清洗处理。使用刀片处理污垢或切除病变部位时应保持耐心,确保刀片刃部不会伤及自己或地毯的健康部位。

(2)地毯(织物)清洁剂

地毯清洁剂是专门用于去除各类地毯局部纤维表面的红酒渍、茶渍、油渍等污渍的清洁药剂。使用时直接喷洒在地毯表面,结合盘刷进行清洁。地毯清洁剂呈中性,通常具有较强的渗透性和挥发性,所以清洗过程中无需水洗,可以用于地毯局部的手工清洁。使用时将地毯清洁剂均匀喷洒于污渍处,视觉可见污渍化解。待清洁剂渗入污渍内部,用盘刷搓刷或适当搓揉,再用洁净的织物擦拭干净,等清洁剂挥发,晾干即可。

(3)地毯保养设备

地毯的保养需要各种电气设备配合进行,常用的地毯保养设备包括地毯吸尘器和地毯清洗机。

1)地毯吸尘器。地毯吸尘器是指装备了刷头的吸尘设备。地毯吸尘器与普通吸尘器的主要区别在于地毯吸尘器的刷头具有梳理地毯纤维的功能,可以更好地吸除地毯纤维缝隙内部的灰尘和污垢,且具有吸水功能。

2)地毯清洗机。地毯清洗机是保养、翻新地毯时用到的清洁设备。具体是指在药剂分解污渍之后,利用物理、化学手段清理、分离污垢,并对地毯纤维进行梳理。

这里提到的地毯清洗机包括本章第二节提到过的所有地毯清洗设备(单刷机、地毯干洗机、蒸汽清洗机、洗抽一体地毯清洗机)。

可见,地毯保养最核心的目的是消除地毯的尘土,根据环境特点制订合适的地毯除尘计划，可以将地毯清洗的频率控制在计划范围之内，降低反复清洗给地毯带来的破坏，间接地延长地毯寿命。在此基础上进行必要的地毯清洗工作有利于进一步提升地毯的美观度和舒适感。根据不同地毯的特点，可以选择不同的设备和清洁剂进行清洗保养。总体上讲，设备、清洁剂的选择要从健康、美观、时间三个维度进行考虑。健康，是指保养设备、清洁剂的选择要保证地毯的结构不受破坏；美观，是指保养设备、清洁剂的选择要保证地毯外观的靓丽；时间，是指保养设备、清洁剂的选择要保证地毯寿命的延长和地毯清洁时间的缩短。清洁服务师需要根据设备性质结合三个维度，依据最优先的维度选择地毯清洁保养设备和清洁剂。

第3节 地毯的清洁技能

一、地毯清洁通常作业步骤

操作准备→吸尘→配制清洁剂→局部刷洗→全面清洗→吸水、吹干、梳理→工作现场整理→清洁质量自检。

二、地毯清洁作业方法

技能1：地毯盘刷式泡沫清洗法

（1）作业准备

1）设备检查和确认。检查设备是否运转正常，洗底盘是否正确，水箱是否正确，根据客户的要求配备不同的水箱。

2）工具设备。单刷机、水桶、手持式盘刷、超细纤维毛巾、地毯清洁剂、口香糖清洗剂、长柄盘刷、接线板、工作警示牌、鞋套、吸尘吸水机、吹风机。

3）清洗前，必须先用喷过清洁剂的白布，在地毯不显眼处用力按压，查看白布是否染上颜色，掉色地毯不得进行清洗。

4）将清洗区域内的物品（桌、椅、花盆等）挪至不清洗的区域。

5）在准备清洗的区域摆放"暂停服务"或"清洁进行中"的警示牌。

（2）操作步骤

步骤1：使用吸尘器对地毯表面进行大面积的吸尘作业，检查地毯是否有重度污渍，先做预处理，使用盘刷配合地毯清洁剂对重度污渍进行清理，清理后使用超细纤维毛巾对污渍区域进行擦拭。

步骤2：配制地毯清洁剂时，使用热水稀释清洁剂会加速对污渍悬浮物的有效分解，可保持地毯纤维柔顺。将盘刷安装到单刷机底部，把配置好的地毯清洁剂倒入水箱。

步骤3：按照说明书依次打开开关，并按照操作步骤开始清洗地毯，如图1-27所示。清洗地毯的同时，使用吸尘吸水机来抽吸多余的泡沫和悬浮的污渍。对重污渍区域进行重点清洗。待地毯干燥以后，需要用真空吸尘器清除地毯表面残留的污渍。

拉起高低调节拉手

操作杆高度要保证操作时腰能挺直，手臂稍微弯曲

上下摆动操作杆，检查操作杆是否准确锁定

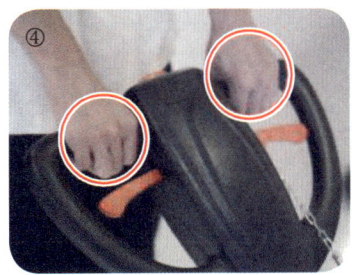
同时按下左右启动开关，即可开始清洁作业

图1-27 单刷机操作

步骤 4：在清洗后，如有未清洗干净的地方，需要再清洁一遍，最后使用吸尘吸水机吸水，并进行地毯的吸干、梳理。如需要加速干燥，可以使用蜗牛吹风机，以缩短地毯的干燥时间。将挪出的物品归位。可进行室内通风或开启空气调节设备以调节空气湿度。

步骤 5：整理清洁机器设备。放掉水箱里的清洁剂，再往水箱加半箱清水，继续放掉，以防止水箱阀有清洁剂结晶，影响出水或造成漏水。取下盘刷并清洁。收拾工具，检查工具是否有遗忘，做好现场收尾工作后撤离现场。

步骤 6：设备入库。取下单刷机的盘刷放在机头或悬挂在指定位置，打开吸尘吸水机的机头，晾干吸水桶。

（3）清洁标准

清洁过后的地毯无污渍、尘土残留。地毯纤维呈现自然光泽，顺滑无板结。经过吸水作业后的地毯整体干燥。

（4）注意事项

清洗作业中需要穿着鞋套，避免地毯清洗过程中的二次污染。保护好地毯上不可移动的物品。清洗过程中不要做跨度过大的操作，要保证机器使用中的旋转操作，避免清洗中遗漏清洗区域以及地毯干燥后出现地毯洗花的现象。工作前设置工作警示牌或拉警戒线，防止非工作人员误入工作现场。

技能 2：地毯抽洗式清洗法

（1）作业准备

1）工具设备。洗抽一体地毯清洗机、水桶、手持式盘刷、超细纤维毛巾、地毯清洁剂、口香糖清洗剂、消泡剂、长柄盘刷、接线板、工作警示牌、鞋套、吸尘器、吹风机。

2）清洗前，必须先用喷过清洁剂的白布，在地毯不显眼处用力按压，查看白布是否染上颜色，掉色地毯不得进行清洗。

3）将清洗区域内的物品（桌、椅、花盆等）挪至不清洗的区域。

4）在准备清洗的区域摆放"暂停服务"或"清洁进行中"的警示牌。

（2）操作步骤

步骤1：清洗前，必须先使用吸尘器对地毯表面进行大面积的吸尘作业，对于重度污渍需先做预处理，使用喷壶将地毯清洁剂均匀喷洒在污渍区域，用盘刷对重度污渍进行清理，清理后再用超细纤维毛巾对污渍区域进行擦拭。

步骤2：配制地毯清洁剂，有条件可使用热水稀释地毯清洁剂，以加速对污渍悬浮物的有效分解，从而保持地毯纤维柔顺。将配制好的地毯清洁剂倒入清水箱，污水箱内加入消泡剂。

步骤3：将操作手柄调节到操作习惯的角度。开动前用双手握紧操作手柄，且旁边不要站人，防止撞伤。打开电源开关和设备开关后，沿直线后退拉动机器完成清洁，清洁完一行后，调转机身另起一行进行清洁，注意新一行清洁轨迹应与之前清洁过的轨迹保持10～20 cm重合，如图1-28所示。

图1-28 洗抽一体地毯清洗机操作姿势

步骤4：对待重污渍区域可用蒸汽水箱排水阀喷洒蒸汽，结合滚刷清洗扒进行蒸汽清洁，如图1-29所示。

步骤5：大面积清洗过后，用手持无刷清洗钢扒对狭窄区域或清洁过程中的接缝区域进行补清洗。

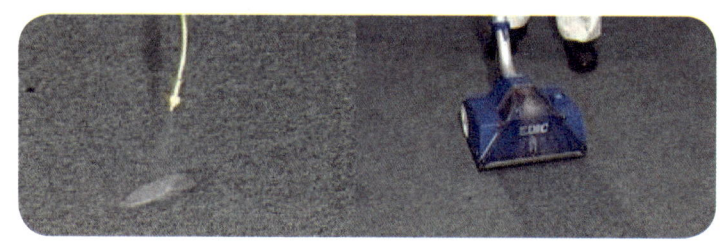

图1-29 重度污渍的清洗方法

步骤6：用地毯吸尘器清除地毯表面残留的水分和污垢。

步骤7：在清洗完毕后，自查清洗情况，对未清洗干净区域进行处理，将挪出的物品归位，最后使用吹风机加速干燥。可进行室内通风或开启空气调节设备以调节空气湿度。

步骤8：清洁机器设备，收拾工具，检查工具是否有遗忘，做好现场收尾工作后，撤离现场。

（3）清洁标准

清洗后地毯整体干燥，无水分或药剂残留。外观整洁，无污渍和灰尘残留，地毯纤维呈现自然光泽，柔顺无板结。

（4）注意事项

使用抽洗式清洗法对地毯进行清洁后，会导致部分水分及污垢混合物的残留，夏季或梅雨季节应注意地毯霉变、异味、水印及细菌微生物滋生等问题。注意吸水扒头是否被地毯绒或杂物堵塞，如有堵塞情况需及时清理。

技能3：地毯高温蒸汽清洗法

（1）作业准备

1）工具设备。地毯蒸汽清洗机、水桶、手持式盘刷、超细纤维毛巾、地毯清洁剂、消泡剂、口香糖清洗剂、长柄盘刷、接线板、工作警示牌、鞋套、吸尘器、吹风机。

2）清洗前，必须先用喷过清洁剂的白布在地毯不显眼处用力按压，查看白布是否染上颜色，如地毯有掉色现象不得进行清洗。

3）将清洗区域内的物品（桌、椅、花盆等）挪至不清洗的区域。

4）在准备清洗的区域摆放"暂停服务"或"清洁进行中"的警示牌。

（2）操作步骤

步骤1：清洗前，必须先使用吸尘器对地毯表面进行大面积的吸尘作业，对于重度污渍需先做预处理，使用喷壶将地毯清洁剂均匀喷洒在污渍区域，用盘刷对重度污渍进行清理，清理后再用超细纤维毛巾对污渍区域进行擦拭。

步骤2：配制地毯清洁剂，在使用地毯清洁剂时需要加入热水稀释，以加速对污垢悬浮物的有效分解，从而保持地毯纤维柔顺。然后用清洁剂配合工具对地毯进行局部除污处理。

步骤3：用水或清洁剂对地毯进行全面预喷，脏的地方多喷，干净的地方少喷。

步骤4：清洗前检查所有设备连接是否正确，将清洗头上的真空管、高压水管及电源线用绑带绑好。将插头插入接地插座，打开电源；待机指示灯亮起后按下操作台上的蒸汽开关，设备开启并加热；加热完成后机器进入准备工作状态。

步骤5：开动机器开始清洗地毯。先使用边角头清洗地毯的边角部分，再用地毯清洗头清洗地毯的其他部分。一般情况喷吸两遍，第一遍边喷边吸，第二遍只吸不喷，最大的限度抽走残水，必要时要多洗或多吸几遍。启动时保持喷头与地毯面成45°左右的夹角，打开喷头开关，让蒸汽喷在需清洁的地毯表面，由身体远端向身前拉动喷头完成清洁，尽量保持喷头匀速移动。

步骤6：在清洗完毕后，应该使用地毯吸尘器的梳理刷对地毯进行全面梳理，让地毯表面扭曲变形的绒头恢复原状或去除线球，保持地毯绒方向一致，使地毯表面达到最好的状态。

步骤7：自查清洗情况。对未清洗干净区域进行处理，将挪出的物品归位，使用吹风机加速干燥。可进行室内通风或开启空气调节设备以调节空气湿度。

步骤8：整理清洁机器设备，关闭设备后再断掉电源，取下水箱和水管，清理内部残水，干燥后装至原位。收拾工具，检查工具是否有遗忘，做好现场收尾工作后，撤离现场。

（3）清洁标准

地毯清洗后无污渍或灰尘残留，地毯纤维光泽自然，无板结状况。清洗后的地毯整体干燥，无水分残留。清洁过程中蒸汽使用得当，无烫伤地毯的情况。

（4）注意事项

使用地毯高温蒸汽清洗法时，需注意蒸汽使用安全，避免烫伤自己或身边人，拉好警戒线，确保非操作人员不得入内。

技能4：地毯干洗粉清洗法

（1）作业准备

1）工具设备。地毯干洗机、水桶、手持式盘刷、超细纤维毛巾、干洗粉、地毯一喷净、口香糖清洗剂、长柄盘刷、接线板、工作警示牌、鞋套、吸尘器。

2）清洗前，必须先用喷过清洁剂的白布，在地毯不显眼处用力按压，查看白布是否染上颜色，掉色地毯不得进行清洗。

3）将清洗区域内的物品（桌、椅、花盆等）挪至不清洗的区域。

4）在准备清洗的区域摆放"暂停服务"或"清洁进行中"的警示牌。

（2）操作步骤

步骤1：清洗前，必须先用吸尘器对地毯表面进行大面积的吸尘作业，对于重度污渍应先做预处理，使用喷壶将地毯清洁剂均匀喷洒在污渍区域，用盘刷对重度污渍进行清理，清理后再用超细纤维毛巾对污渍区域进行擦拭。

步骤2：将干洗粉均匀地撒在地毯表面，等待其作用一段时间后（时长以干洗粉产品说明为准），准备干洗机刷洗，并回收脏污的粉末。

步骤3：装配好地毯干洗机，打开开关，一边后退一边拉动干洗机，让滚刷清洁地毯的同时观察清洁完成的情况，并及时更换收纳盒。针对不同环境，清洁服务师要选择不同的清洁路径，如图1-30所示。

走廊

房间

图1-30 地毯干洗机在不同区域内的清洁路径选择

步骤4：在清洗完毕后，应该使用吸尘器对地毯进行补吸，以去除残留的污渍残渣和干洗粉，让地毯表面扭曲变形的绒头恢复原状，使地毯表面达到最好的状态。同时自查清洗情况，对未清洗干净区域进行盘刷加地毯清洁剂的补充处理，将挪出的物品归位。

步骤5：整理清洁机器设备，收拾工具，检查工具是否有遗忘，做好现场收尾工作。撤离现场，入库整理设备，卸掉干洗机的盘刷，直立于地面或放置于指定位置。

（3）清洁标准

地毯清洗后无污渍和尘土残留，清洗用的干洗粉无残留，清洗后短时间内地毯恢复正常使用。

（4）注意事项

使用地毯干洗粉清洗法时，需要根据地毯的不同材质、不同结构选用不同类别的滚刷。

技能 5：地毯干洗剂清洗法

（1）作业准备

1）工具设备。地毯干洗机、水桶、手持式盘刷、超细纤维毛巾、地毯干洗剂、地毯一喷净、口香糖清洗剂、长柄盘刷、接线板、工作警示牌、鞋套、吸尘器。

2）清洗前，必须先用喷过清洁剂的白布，在地毯不显眼处用力按压，查看白布是否染上颜色，掉色地毯不得进行清洗。

3）将清洗区域内的物品（桌、椅、花盆等）挪至不清洗的区域。

4）在准备清洗的区域摆放"暂停服务"或"清洁进行中"的警示牌。

（2）操作步骤

步骤 1：清洗前，必须先用吸尘器对地毯表面进行大面积的吸尘作业，对于重度污渍应先做预处理，将地毯干洗剂均匀喷洒在污渍区域，用盘刷对重度污渍进行清理，清理后再用超细纤维毛巾对污渍区域进行擦拭。

步骤 2：将地毯干洗剂均匀喷洒在地毯上，等待干洗剂对地毯污渍作用一段时间，肉眼可见污渍褪去的变化。

步骤 3：装配地毯干洗机，地毯干洗机的操作流程参考地毯干洗粉清洗法的操作。

步骤 4：在清洗完毕后，使用地毯吸尘器对地毯进行污渍残渣和清洁剂的吸除工作，梳理地毯，让地毯表面扭曲变形的绒头恢复原状，使地毯表面达到最好的状态。同时自查清洗情况，对未清洗干净区域进行处理，将挪出的物品归位。

步骤 5：整理清洁机器设备，收拾工具，检查工具是否有遗忘，做好现场收尾工作后，撤离现场。

（3）清洁标准

10 min 速干，清洗后地毯无污渍和灰尘残留，地毯干洗剂无残留，清洗后地毯颜色还原自然原色。

（4）注意事项

干洗剂的喷洒应在稀释后配合雾化喷壶喷洒。干洗机的盘刷要充分与地毯接触，通过物理作用加速地毯纤维间干洗剂的结晶化，使得地毯不易污染。吸尘器吸除污渍残渣的过程要耐心，确保附着的污渍残渣和干洗剂结晶被完全吸除。

三、地毯清洁的质量标准

地毯清洁的质量标准是针对清洁后的地毯外观干净程度与地毯内部容易被忽略的污垢残留物问题的综合性评判标准，要求地毯表面平整、美观干净、无严重污渍，地毯底部湿度适合、彻底干燥、无污垢残留物、无水分残留，清洁完毕现场无异味及挥发性化学物气味。

第4节 地毯的保养技能

一、地毯保养作业技能及质量标准

技能1：地毯吸尘

（1）操作准备

吸尘工作前要准备的工具包括：吸尘器、工作警示牌、喷壶、盘刷、备用集尘袋、超细纤维毛巾、刀片。工作前要征询地毯所有者或物业管理人员的同意并寻求工作支持。

（2）操作步骤

步骤1：吸尘前应首先在吸尘现场设立工作警示牌。

步骤2：先用盘刷将地毯表面的垃圾或大块、尖锐的杂物清扫干净。

步骤3：打开吸尘器，沿地毯纹路走向往返吸尘，地毯吸尘遵循由内及外、由左到右、由两边向中间的基本顺序进行，尽量由房间内侧向门口依次进行吸尘。

步骤4：检查吸尘后的地毯清洁状况，如果有较为顽固的大块污渍，如口香糖，可用刀片刮除，或在不影响地毯健康的情况下喷涂相应的清洁剂。

步骤5：针对检查出现问题的地毯进行复吸，清除补救工作中出现的残留物或药剂（清理残留药剂操作只针对有吸水功能的吸尘器）。

步骤6：如果吸尘工作后没有其他安排，应对现场进行清理，包括清点回收清洁工具、回收工作警示牌。如有需要，可通知地毯所有者检查验收吸尘工作。

（3）清洁标准

吸尘过后的地毯纹理、绒毛方向自然服帖，梳理整齐。表面没有明显的灰尘残留，手指轻轻弹打地毯背面，无尘土泛起现象。

技能 2：局部去渍

（1）操作准备

地毯局部去渍工作需准备的工具包括对应的地毯清洗机、地毯一喷净、喷壶、盘刷、超细纤维毛巾、刀片等。工作前要征询地毯业主或物业管理人员的同意并寻求工作支持。

（2）操作步骤

步骤1：设立工作警示牌或拉警戒线，警告非工作人员不要误入工作区域。

步骤2：吸尘后开始除渍，如果是不熟悉的地毯环境，可先选择一小块有污渍的地毯区域进行清洁药剂预喷、预清洁流程，观察清洁效果。如果效果明显且没有褪色、变质等地毯健康问题，可继续下面的清洁流程。如果出现问题，要及时终止清洁活动，重新考虑清洁方法的选择或咨询相关地毯保养专业人士。

步骤3：将药剂添加到地毯清洗设备内，接通清洁设备电源，对局部污渍进行清洁，期间要注意药剂停留在地毯表面的情况，如果清洁过程中产生水分要及时吸走，避免污水下渗造成二次污染。

步骤4：如果机器清洗过后仍有部分污渍和色斑残留，或存在机器清洗不便的地方，需用盘刷配合清洁剂进行手动清理。

步骤5：如果清洁方式是水洗类型，要等待地毯自然风干，条件允许可以使用吹干机对地毯进行吹干。

步骤6：等待地毯恢复正常使用状态后，清点收拾所用清洁工具，回收工作警示牌。如有必要应提醒地毯所有者验收清洁工作。

（3）清洁标准

局部清洁后的地毯表面色彩鲜艳、光泽一致，污渍部位无清洁遗漏，地毯整体干燥，纹理、绒毛完好，梳理整齐，保持自然弹性，散发出自然织物气味，无异味、霉变味。

二、地毯保养的注意事项

保养地毯的最终目的是保持地毯的美观性和功能性不受损害，延长地毯使用寿命。因此在保养过程中切忌对地毯造成损坏。具体到现实工作中，清洁服务师要注意以下几点。

1. 清洁剂中的某些化学活性成分会导致一些化纤地毯或染色地毯产生褪色现象。因此在对不熟悉的地毯进行清洁前要在不明显区域进行预清洁试验，证明该方法对地毯健康有效后再推广使用。

2. 如果巡视过程中发现地毯被酒、咖啡、可乐等含有色素的饮料污染时，要立即进行清洁保养。由于地毯的特性，这类色素沉积时间越久，越难以彻底清除。

3. 如果清洁现场同时有其他清洁工程或建筑工程进行，要注意对地毯进行覆盖保护，等待其他工程项目完成后再进行地毯的清洁养护。

4. 由于地毯属于较为柔软的地材，其结构相对脆弱，所以无论是设备清洁还是人工清洁，都需要注意力度和顺序，无序且用力地摩擦反而会加剧污渍的扩散。

思考题

1. 单刷机、干洗机、蒸汽清洗机各自具有哪些特点？
2. 地毯养护与地毯清洁的区别与联系是什么？
3. 地毯养护周期的设定要考虑哪些因素？
4. 地毯清洁工作需要注意哪些环境变量？

第 2 章

弹性地材的清洁与保养

第 1 节　弹性地材的分类及结构特点

一、橡胶地板

橡胶地板是一种利用天然橡胶和其他高分子材料合成的弹性地材，具有弹性，抗压、耐冲击性能优异，防滑性能好，耐候性、耐温性、抗紫外线性能也比较突出。其多用于卫生间、公共娱乐场所、健身房、迎宾通道、训练馆、电脑机房和其他对用电环境要求较为苛刻的场所（如变电所、精密仪器制造和储存场所）。

在地材清洁性上，橡胶地板产品具有密度高、耐水性能好、不易透水、不易渗透污渍等优点，因此易于清洗、保养。其在物理性质上具有绝缘、隔热、隔音、抗静电、阻燃的特点，正是由于这种稳定性，橡胶地板是最常用的弹性地材之一。

在铺设方法上，橡胶地板有片材拼接和卷材平铺之分。铺设完成后，正常使用情况下橡胶地板的寿命可以达到 15 年左右。橡胶地板最大的缺点是铺设成本较高。

二、PVC[①] 地板

PVC 地板是一种非常流行的轻体地面装饰材料，主要成分为聚氯乙烯及其共聚树脂，经涂敷或压延、挤出或挤压工艺生产而成。这类地材色彩多样，花色丰富，常用

---

① 聚氯乙烯（polyvinyl chloride，PVC）。

于办公室、医院、学校、超市、商场等场所。

PVC地板大体可以分为同质透心和多层复合两种类型。同质透心型PVC地板指地材是上下同质透心的，即从面到底、从上到下都是同一种花色，在这种结构下磨损伤对其影响较小，即使上一层出现磨损，下一层材料依然会呈现同样的花纹，不影响整体观感。多层复合型PVC地板指有多层结构的地材类型，一般是由4~5层结构叠压而成，有耐磨层、印花膜层、玻璃纤维层、弹性发泡层、基层等，该结构对环境侵蚀的耐受性较好，但如果表面膜层遭到破坏，就容易产生地材局部变色或褪色的现象，形成不可补救的损坏。

同样，在铺设方法上PVC地板也有片材拼接和卷材平铺之分。铺设完成后，正常使用情况下PVC地板的寿命可以达到8年左右。

三、亚麻地板

亚麻地板是一种由亚麻籽油、松香、软木、黄麻等天然原材料组成的弹性地材。亚麻地板耐压、耐热的能力较强，适合地热供暖环境的地材铺设，在使用过程中不会释放甲醛、苯等有害气体。由于这种环保特性，亚麻地板常被作为人居环境中的弹性地材。

亚麻地板以卷材铺设为主，在正常使用条件下，亚麻地板寿命可以达到10年以上。

第 2 节　弹性地材清洁保养知识

▶ 一、弹性地材清洁知识

1. 常见弹性地材污渍

常见弹性地材污渍包括：胶水污渍，油漆和涂料污渍，油污，咖啡、醋、果汁等色素饮料污渍，口香糖胶印等。

（1）胶水污渍

胶水污渍多出现于新铺设的弹性地材周围，一般采用除胶剂清洁或加热软化刮除的方法去除胶水残留。

（2）油漆和涂料污渍

油漆和涂料污渍常出现在对地材的开荒保洁中。对于同质透心的弹性地材，可以通过打磨表面以磨去油漆痕迹。对于不耐打磨的弹性地材，可以使用脱脂剂或其他对地材无伤害的活性材料，配合盘刷、毛巾进行擦拭清洁。

（3）油污

油污多出现在与餐饮行业相关的环境中。可以使用中性的全能清洁剂进行擦洗，并用清水冲洗干净。注意尽量不要使用去油效果更好的碱性清洁剂，长期使用碱性清洁剂有可能造成弹性地材变质、板结、开裂。

（4）咖啡、醋、果汁等色素饮料污渍

清洁方法与去除油污的方法类似，均使用中性全能清洁剂清洗。这类污渍残留时间过长可能会渗透到弹性地材内部，因此要尽早清洁，以免造成变色等更大程度的破坏。

（5）口香糖胶印

口香糖胶印常见为深色或原色，形成时间较短的口香糖胶印可以通过铲刀铲除。形成时间较长的口香糖胶印呈深色，一般的铲除工作很难奏效，需要配合除胶剂使用铲刀铲除。

2. 弹性地材清洁常用工具、药剂、设备准备

（1）常用工具

常用的弹性地材清洁工具包括平板拖布和尘推。尘推的使用方式在初级教材中有相关教学内容，本章仅介绍平板拖布的使用方法。

平板拖布属于拖布的一种，专门用于地材打蜡操作。平板拖布分拖头和拖柄两部分。拖头材质一般为细棉纱绳，形状分圆形和一字形两种，通过金属扣连接拖柄。

使用平板拖布前要将蜡水均匀地附着在拖头上，以不滴蜡为准，拖地时双手握拖柄，两手间距 40～50 cm，身体保持正直或微微前倾状态，先横拖再竖拖，以"井"字形轨迹覆盖地面，避免漏拖。

使用平板拖布时要注意保证拖布上的蜡水时刻处在充足状态，避免因蜡水不足导致上蜡不均匀，也不要在工作中更换不同品牌、不同种类的蜡水。对于墙角这类平板拖布不易照顾到的死角，要单独进行上蜡。上蜡完成后用热水清洁使用过的拖头，洗净晾干后备用。

（2）常用药剂

弹性地材清洁养护中常用的药剂包括面蜡、除胶剂、除油剂、起蜡水、全能清洁剂。其中，全能清洁剂使用技能在初级教材中有介绍，不再赘述，本章仅介绍其他药剂的使用方法。

1）面蜡。面蜡是由优质乳化蜡及各类光亮保护剂所构成的家具护理清洁上光剂，

能同时将清洁、打蜡和防尘上光操作一次完成。主要原理是通过膜化作用，在弹性地材表面形成一层防污、防侵蚀的保护膜，隔绝有害物质，从而实现预防式清洁效果。

使用时要先用起蜡水去除地材上的旧蜡，并用全能清洁剂对起蜡后的弹性地材进行清洁，清水洗净后待干。用干净毛巾或平板拖布将蜡水均匀地涂满地板表面，这一过程通常需要反复 2~3 次且每次上蜡后要等待 20~30 min，地面干透后即完成打蜡环节。

使用面蜡时要用原液，不得配水稀释。涂过蜡水的地材表面不得着水，否则需要重新进行上蜡步骤。清洗工具上有蜡残留时，要用热水清洗，冷水会使其迅速凝结，无法有效洗去已经凝结的蜡块。

2）除胶剂。除胶剂用于清除弹性地材在施工或日常使用中粘上的玻璃胶、不干胶、双面胶等有机胶残留。

除胶剂一般为喷剂，使用前要先将其摇匀，然后将喷口对准清洁部位，保持喷口与地材相距 20~50 cm 的距离。喷洒均匀后等待一段时间，使除胶剂与胶污充分反应。反应时间一般为 2 min 左右，等待时间不能过长，否则会导致胶污再次凝固（具体时间以产品说明书为准）。用铲刀等工具将发生反应后的胶污清除，再用超细纤维毛巾或拖布蘸清水擦拭地材表面，最后用干布进行干擦。

使用过程中如果不慎将除胶剂喷在眼睛或裸露的皮肤上，需要用大量清水清洗，若依旧感到不适，要及时就医，以免活性成分对人体造成伤害。除胶剂的存储要避免阳光直射和高温环境，以免发生爆炸，并定期对库存剩余除胶剂进行清点，淘汰过期除胶剂，以保证除胶剂的有效性。

3）除油剂。一般的除油剂属于碱性药剂，是利用碱乳化和皂化反应去除油迹，但一些弹性地材长时间与碱性物质接触会出现变质，产生板结、开裂等现象，影响地面弹性。因此，只有选用中性除油剂产品才能达到延长弹性地材使用寿命的目的。

利用除油剂去除局部油污，可将除油剂原液或稀释溶液喷洒在地材表面，等待药剂作用后，再用毛巾或刷子擦拭油污；也可以在拖地时蘸取适量除油剂，通过拖布清洁来完成。

4）起蜡水。起蜡水是地材清洁中常用的清洁药剂，主要成分为碱性清洁剂和表面活性剂。

对护理前的弹性地材进行清洁预处理。通常弹性地材使用久了，蜡质表面会残存很多细小的颗粒状垃圾，这些颗粒状垃圾附着在地板的蜡层上会使地板失去光泽，导致其表面暗淡，因此在弹性地材重新打蜡之前需要用起蜡水去除上一次地板上的蜡层。

使用起蜡水一般要配合热水调制，水温保持在 40～50 ℃可以最好地发挥起蜡水的功效。平板拖布蘸取调好的起蜡水在地板上直接拖洗，拖洗后保持地面有一定的残水效果为最好。等待蜡质软化后，利用单刷机或刷子将旧蜡刷起。最后用吸水机将残水吸走。

注意，使用过起蜡水的平板拖布要清洗干净，待其完全干燥后再进行上蜡工作，上蜡与起蜡的平板拖布最好做分色处理，不得将用过起蜡水的平板拖布与上蜡的平板拖布混用。

（3）常用设备

弹性地材清洁养护常用的设备包括单刷机、驾驶式洗地机和吸水机。由于弹性地材质地较软，在选用上述设备时要尽量避免整体过重的产品，以防机器尖锐部分与地材接触造成划伤。整体上讲，弹性地材具有良好的防污能力，不需要经常用设备进行养护。相反，频繁的设备养护可能对弹性地材造成敲击伤或划伤。所以，除非工作需要，否则应尽量避免使用设备清洁弹性地材。

1）单刷机。单刷机（见图2-1）的使用在初级教材中已有介绍，但针对弹性地材的清洁养护，还需进一步掌握相关知识。

单刷机在清洁弹性地材时需要更换合适的百洁垫，一般弹性地材用到的百洁垫有红色和黑色两种。红色百

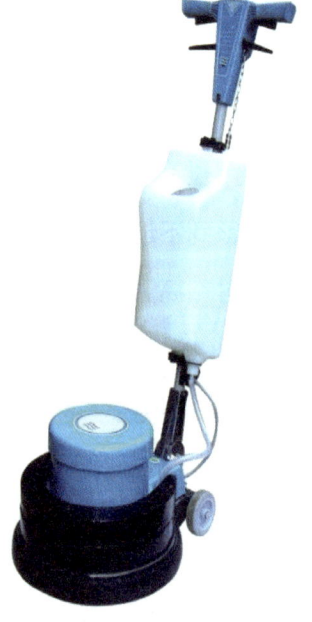

图 2-1 单刷机

洁垫（见图2-2）适合对弹性地材进行一般性清洗或其他药剂养护工作，黑色百洁垫（见图2-3）更适合起蜡和除油污的工作。还有一种白色的百洁垫，这种百洁垫适用于地材打蜡抛光工作，在之后的地材养护及石材养护中将有相关阐述。

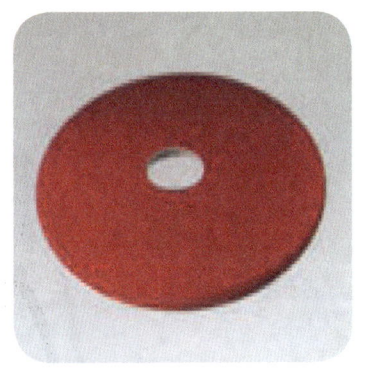
图2-2 红色百洁垫

图2-3 黑色百洁垫

单刷机主要是靠其质量压迫盘刷部分接触地面进行清洁，因此单刷机的质量越大，清洁效果越好。但这种特性对于弹性地材来说，也是增大其摩擦伤害的最主要原因。所以弹性地材用单刷机进行清洁时并不是配重越重清洁效果越好，而是在不破坏地材的前提下选择质量适当的单刷机产品，这也是弹性地材清洁养护区别于其他地材的关键所在。

地坪清洁除了利用红色百洁垫进行一般的清洗外，还会用到黑色百洁垫进行起蜡工作。起蜡时要先用热水调配起蜡药剂，然后用调配好的药剂直接拖湿地面，再用配有黑色百洁垫的单刷机均匀刷洗地板，直到蜡膜被起掉为止。判断是否完全起蜡可以刷洗出的起蜡水溶液由透明变为灰白色，且单刷机感觉无明显的黏涩感为准。对于墙边角等单刷机无法工作的部位应使用地拖反复擦刷，直至蜡膜脱离。对于局部难以去除的蜡膜，应使用刷子配合起蜡水反复擦洗。

除了上述特性外，单刷机的其他使用事项与初级教材中介绍的内容相同。清洁服务师在进行单刷机操作前要熟读产品说明书，并了解常见故障的排除方法。

2）驾驶式洗地机。驾驶式洗地机（见图2-4）适用于大范围、重污染环境下的弹性地材清洁。之前提到弹性地材不适合频繁地使用设备进行清洁养护，但在地材铺设面积极大的环境下（如厂房、仓库），人力清洁的效率较低且成本较高。因此，使用驾驶式洗地机定期进行日常清洁成为了更为适当的选择。

3）吸水机。吸水机（见图2-5）是配合单刷机和其他水清洁工作的辅助设备，主要用于吸去地坪上的残留水迹。由于地坪表面平整致密，水迹以膜的结构存在，地坪表面会因此变得十分光滑，容易造成滑倒事故。所以为了加快地面的干燥，恢复正常的地面摩擦系数，需要在地坪清洗过后用吸水机进行吸水处理。

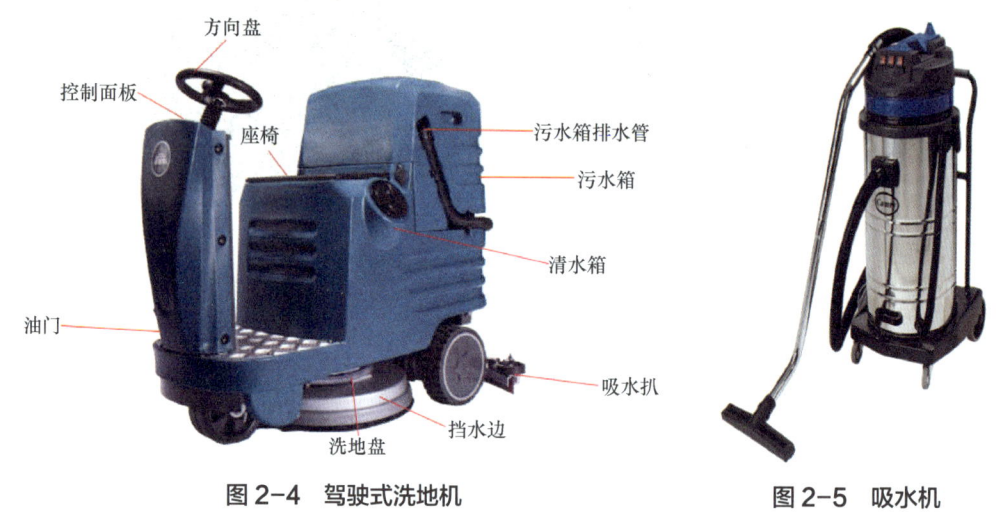

图2-4　驾驶式洗地机　　　　　　　图2-5　吸水机

吸水机的使用方法类似于吸尘器，但与吸尘器不同的是，吸水机在操作时后退操作，需将机器吸口保持在身前，一边后退一边清理水迹。

除了带毛刷的吸水扒头外，吸水机还有针对圈绒地毯的钢扒，弹性地材的吸水扒头通常为橡胶扒头，如图2-6所示。

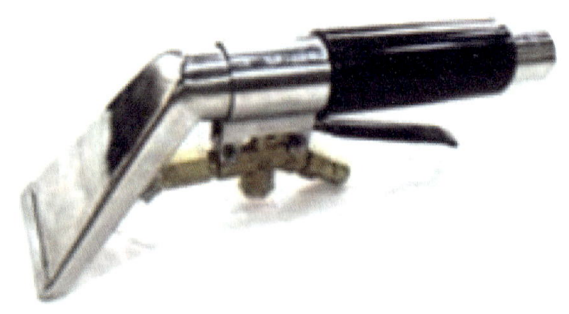

钢扒（用于圈绒地毯吸水）

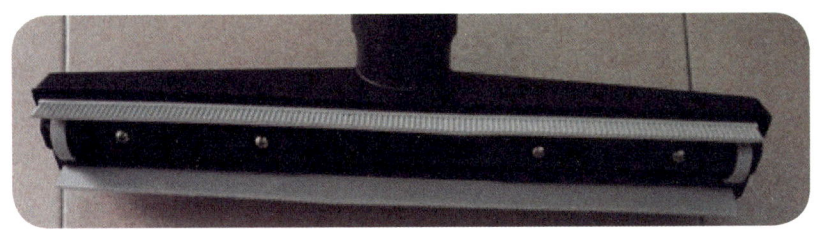

橡胶扒头（用于弹性地材吸水）

图 2-6　吸水扒头

如果之前操作中使用过碱性或酸性药剂，吸水完成后要测试酸碱度，以酸碱值为中性（pH 值为 6～8）为最佳，如果偏酸或偏碱，要再次重复水洗、吸水流程。吸水完成后，地面仍然会存留少量的水分，如果需要打蜡，要等待地面完全干透再进行作业。

吸水时，清洁服务师要时刻观察效果，以地面不存水为操作标准。如果出现吸水机不能有效吸水的情况，要第一时间检查机器管道或本体是否存在漏气或堵塞现象，各个接口是否有松脱现象。如果常规外观检查无法断定问题成因，必须停止操作并请负责维修的工作人员做进一步检查。

清洁服务师在使用吸水机前要通读与吸水机配套的使用说明书，一切操作均以说明书上介绍的方法为准，并了解简单故障的成因和排除方法。

二、弹性地材保养知识

1. 预防和保养周期

弹性地材的保养周期一般为 2～4 个月。周期设定要考虑地材周边的常规环境、人流量变化、地材的清洁维持能力、日常清洁力度和地材现状容忍程度五个维度。清洁服务师可以按照实际情况对五个维度进行打分,然后根据分值规划保养周期。一般来说,五个维度得分总和越低,地材养护周期越短。对于具体保养周期,清洁服务师需要向清洁主管或物业保洁方面负责人提出建议,共同商议后再做出决定。

2. 弹性地材保养常用工具、药剂、设备准备

（1）常用工具

常用的弹性地材保养工具有尘推、超细纤维毛巾、刷子等,这些保养工具的使用方法在初级教材的除尘章节中有过介绍,可以参考之前的内容进行学习。

（2）常用药剂

弹性地材保养的常用药剂包括除油剂和中性全能清洁剂。这两种清洁剂分别在初级教材除污和除尘章节中有过介绍,本节不再赘述。

除上述常用药剂外,上蜡作业时会用到封地剂（或超强封地剂）。封地剂是一种高分子聚合物,一般每加仑可以覆盖 70～200 m^2 不等的弹性地材。封地剂配合地蜡使用可以增加地面摩擦力,防止地面过滑并增强地蜡强度,延长蜡质寿命,使用时无须稀释,但要保证地面清洁无尘。

（3）常用设备

弹性地材养护常用设备除了本章提到的单刷机、吸水机外,还有抛光机,鉴于单刷机和吸水机已经有过介绍,本节主要对抛光机的使用进行说明。

抛光机（见图 2-7）大体包含两种类型,一种是高速抛光机,另一种是便携式手提抛光机。高速抛光机一般用于大范围弹性地材的抛光工作,便携式手提抛光机主要用于墙面和狭窄台面的抛光工作,因此本节仅对高速抛光机的使用进行介绍。

第 2 章 弹性地材的清洁与保养

高速抛光机　　　　　　　　便携式手提抛光机

图 2-7　抛光机

高速抛光机常用于酒店或办公室环境的弹性地材养护，主要适用于同质透心型 PVC 地材的打磨和多层复合型 PVC 地材表面蜡质层的抛光工作，按其盘刷数可分为单盘刷抛光机和多盘刷抛光机。

高速抛光机的工作原理是利用机器与地材表面摩擦产生的热量，通过物理作用和抛光药剂的化学作用形成晶硬表面，或磨去老旧同质透心型 PVC 地材外层从而展现新一层地材，以实现地材的翻新效果。

在用高速抛光机对弹性地材进行抛光处理时，要选用硬度最小的抛光垫材，因为弹性地材材质较软，如果抛光垫硬度大则很容易在地材表面形成圈印，影响抛光质量。尤其对多层复合型 PVC 弹性地材要格外注意，避免打磨过度破坏表面膜层从而造成不可挽回的损失。

高速抛光机的使用方法类似于单刷机，使用时应保证高速抛光机在身前横向前进，以"Z"字形后退往返进行，如图 2-8 所示。抛光完成后要等待地面冷却一段时间后再恢复正常使用，对于无法照顾到的死角，清洁服务师可以利用便携式手提抛光机进行补抛光。

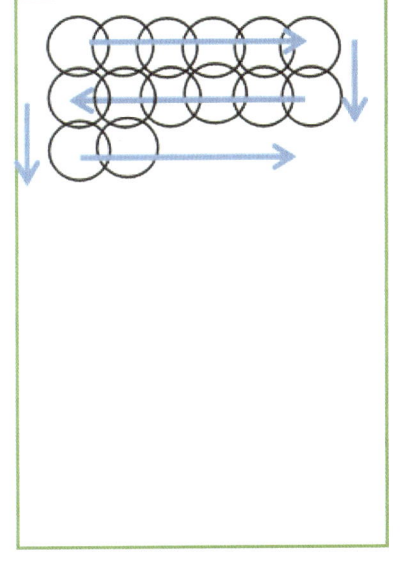

图 2-8　高速抛光机行进轨迹

第 3 节　弹性地材的清洁技能

一、弹性地材清洁作业

1. 清洗前的准备

无论是多层复合型 PVC 地板还是同质透心型 PVC 地板，在出厂前都会在其表面涂一层聚氨酯（polyurethane，PU），上蜡前一定要用起蜡水把 PU 清洗到表面粗糙或将其去除掉，这样才能让蜡附着住。准备好起蜡水、水性除油剂、单刷机、吸水机、洗地机。

2. 弹性地材的起蜡与清洁

技能 1：多层复合型 PVC 地板的清洁除蜡

步骤 1：复配清洁剂。将起蜡水、水性除油剂两种清洁剂按 1∶1 比例混合，再将混合清洁剂与水按 1∶10 比例混合。其间注意清洁剂溶液温度保持在 40～50 ℃或清洁剂说明书规定的工作温度范围内。

步骤 2：把配制好的清洁剂均匀涂在地板表面并浸泡 10 min 以上，用单刷机配上黑色百洁垫清洗地板，经过百洁垫和清洁剂的共同作用，除去地板表面保护蜡、污垢，用吸水机将污水吸干净。注意避免反复清洗造成 PVC 层损坏。

步骤 3：清水过洗。用驾驶式洗地机按照由内及外、由左到右的顺序逐列用清水过洗起蜡后的地面。清洗后的地面用吸水机吸干，设备照顾不到的角落部分可以用干净的平板拖布拖一遍，确保除蜡过后的地面整洁卫生，方便接下来的打蜡工作。

技能 2：同质透心型 PVC 地板的清洁除蜡

步骤 1：复配清洁剂。将起蜡水、水性除油剂两种清洁剂按 1：1 比例混合，再将混合清洁剂与水按 1：5～1：10 比例混合。可以根据地面污垢的程度调整配比，灵活掌握。

步骤 2：把配制好的清洁剂均匀涂在地板表面并浸泡 15 min 以上，用单刷机配上黑色百洁垫清洗地板，经过百洁垫和清洁剂的共同作用，除去地板表面保护蜡、污垢，用吸水机将污水吸干净。根据地面情况可以再清洗一遍。

步骤 3：清水过洗。用驾驶式洗地机按照由内至外、由左到右的顺序逐列用清水过洗起蜡后的地面。清洗后的地面用吸水机吸干，设备照顾不到的角落部分可以用干净的平板拖布拖一遍，确保除蜡过后的地面整洁卫生，方便接下来的打蜡工作。

技能 3：亚麻地板的清洁除蜡

步骤 1：复配清洁剂。将起蜡水、水性除油剂两种清洁剂按 1：1 比例混合，再将混合清洁剂与水按 1：10 比例混合。可以根据地面污垢的程度调整配比，灵活掌握。

步骤 2：由于亚麻地板有一定的渗透性，因此在把配制好的清洁剂均匀涂在地板表面后，浸泡时间不宜超过 10 min。用单刷机配上黑色百洁垫清洗地板，经过百洁垫和清洁剂的共同作用，除去地板表面保护蜡、污垢，用吸水机将污水吸干净。根据地面情况可以再清洗一遍。

步骤3：清水过洗。用驾驶式洗地机按照由内及外、由左到右的顺序逐列用清水过洗起蜡后的地面。清洗后的地面用吸水机吸干，设备照顾不到的角落部分可以用干净的平板拖布拖一遍，确保除蜡过后的地面整洁卫生，方便接下来的打蜡工作。

技能4：橡胶地板的清洁除蜡

步骤1：复配清洁剂。将起蜡水、水性除油剂两种清洁剂按1∶1比例混合，再将混合清洁剂与水按1∶10比例混合。可以根据地面污垢的程度调整配比，灵活掌握。

步骤2：把配制好的清洁剂均匀涂在地板表面，浸泡15 min以上，用单刷机配上黑色百洁垫清洗地板，经过百洁垫和清洁剂的共同作用，除去地板表面保护蜡、污垢，用吸水机将污水吸干净。根据地面情况可以再清洗一遍。

步骤3：清水过洗。用驾驶式洗地机按照由内及外、由左到右的顺序逐列用清水过洗起蜡后的地面。清洗后的地面用吸水机吸干，设备照顾不到的角落部分可以用干净的平板拖布拖一遍，确保除蜡过后的地面整洁卫生，方便接下来的打蜡工作。

相关链接

驾驶式洗地机清洗地面方法

驾驶式洗地机起蜡后的清洗流程如下。

步骤1：在起蜡工作后，清洁服务师向驾驶式洗地机的水箱内加入清洁剂和消泡剂，并加入清水稀释，如图2-9所示。

第 2 章 弹性地材的清洁与保养

相关链接

往清水箱添加清洁剂

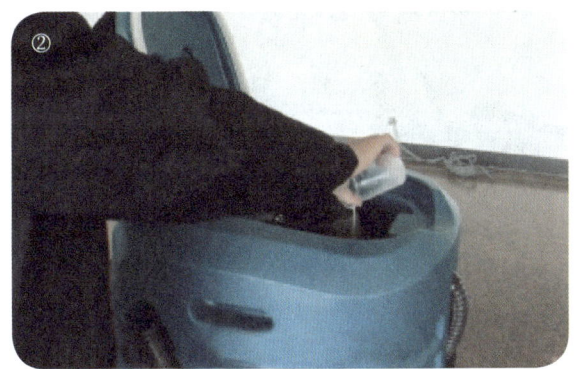

在污水箱添加消泡剂，用量为清洁剂的 1/3

添加清水

图 2-9 填装清洁剂、消泡剂、清水

步骤 2：安装吸水扒，将吸水扒与吸水管连接，如图 2-10 所示。

相关链接

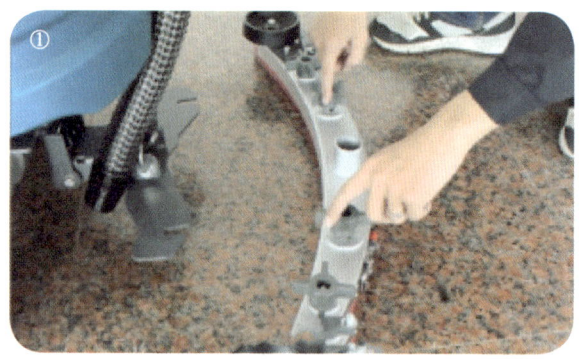
松开吸水扒固定栓

固定吸水扒转把

安装吸水管

图 2-10　安装吸水扒

步骤 3：安装盘刷，如图 2-11 所示。

相关链接

将盘刷放置于盘刷罩中间位置

旋转盘刷使得卡扣和刷罩吻合

降下盘刷罩

轻点加速器踏板完成安装

图 2-11 安装盘刷

> **相关链接**

步骤4：打开机器开关，开始工作，如图2-12所示。

打开钥匙开关

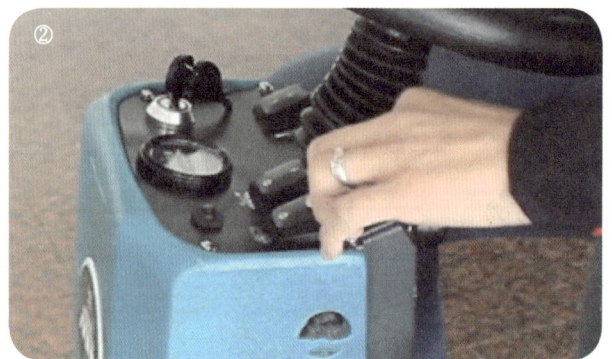

降下吸水扒

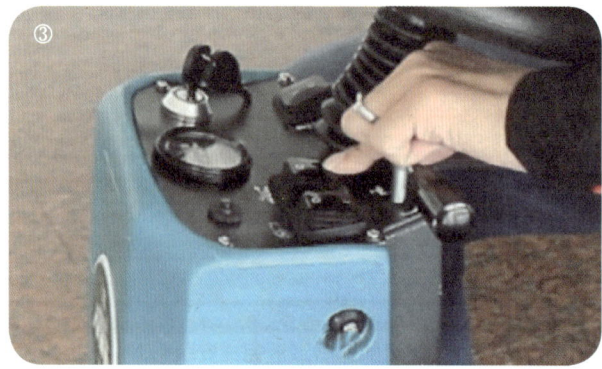

降下盘刷

第 2 章 弹性地材的清洁与保养

相关链接

打开防水阀

方向向前

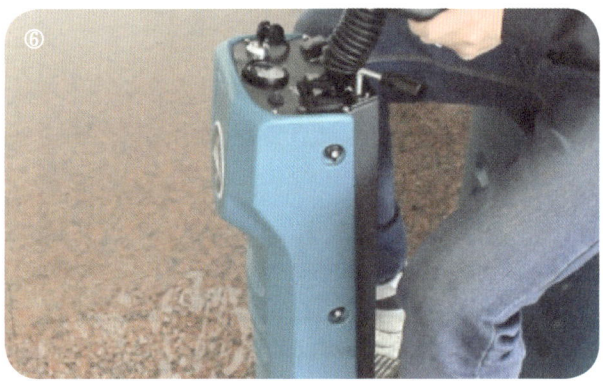
踩下加速器踏板

相关链接

开始工作

沿直线往复逐行清洁（每道清洁轨迹间有 10 ~ 20 cm 重合）

图 2-12　驾驶式洗地机工作流程

▶ 二、弹性地材的清洁技能要点

1. 掌握不同种类、不同用途清洁剂复配的比例，对提高清洗效果可起到关键性的作用。

2. 在清洗过程中，用清洁剂对地材进行清洗前的浸泡，能达到事半功倍的效果。

3. 除蜡、打蜡、清洁所用的百洁垫和配件各不相同，在单刷机清洁前要检查配件是否适合接下来的操作。

第4节 弹性地材的保养技能

一、弹性地材的保养方法

技能1：弹性地材上蜡

（1）工具准备

弹性地材上蜡的主要工具包括平板拖布、拖布、榨水车。

（2）上蜡标准

薄而多遍，标准的打蜡消耗为每千克蜡覆盖 30 ~ 40 m^2 的地面。地面蜡质均匀，呈现自然光泽，无黄斑或成块蜡质，边角无头发与杂物。

（3）上蜡次数

弹性地材可以选择性地先涂两遍超强封地剂，封地剂涂完后，再涂 3 ~ 5 遍高级面蜡，完成对地面的上蜡工作。

（4）操作步骤

步骤1：涂超强封地剂，用干净的平板拖布按"一"字形给地面均匀地涂上超强封地剂，涂层以薄为佳，无须抛光，让蜡膜充分干燥，时间为 30 ~ 60 min。按以上方法再涂一遍超强封地剂。

步骤2：涂高级面蜡，用干净的平板拖布按"一"字形给地面均匀地涂上高级面蜡，涂层以薄为佳，无须抛光，让蜡膜充分干燥，时间为 30 ~ 60 min。按以上方法再涂 2 ~ 4 遍高级面蜡。

用量：超强封地剂（4 kg/ 桶）可以涂 150 m^2/ 遍，高级面蜡（4 kg/ 桶）可以涂 180 m^2/ 遍。

（5）注意事项

1）上蜡环境不宜过冷，以防蜡质受冻变性，室内温度如果不足 6 ℃应停止操作。

2）面蜡必须用原液进行涂抹，不能稀释。

3）禁止在高湿度或阴雨天条件（屋内干湿表湿度读数为 70% 以上）下进行施工。

技能 2：弹性地材补蜡

（1）操作准备

与上蜡工作相比，补蜡要求额外准备起蜡用的工具和设备，包括洗地机、吸水机、平板拖布。

（2）补蜡标准

补蜡的整体标准与上蜡相同，均为薄而多遍，补蜡用量以 40 m^2/kg 为准。补蜡部位的用蜡应与其他部位为同品牌、同类型的产品，不得混用其他品种的蜡质，以免造成观感上的差异，影响蜡层的健康和整体性。补蜡后的地面蜡质均匀，呈现自然光泽，无黄斑或成块蜡质，边角无头发与杂物。

（3）操作步骤

步骤 1：视情况对需要补蜡的部位及周围进行起蜡，如果蜡面完好可以跳过此步骤。

步骤 2：调配通用清洁剂（按清洁剂与水 1 : 20 的比例进行稀释）。

步骤 3：往洗地机水箱倒入配制好的通用清洁剂，同时装上红色百洁垫，把补蜡处的地面及周围地面清洗干净。

步骤 4：用清水过洗一遍，如果之前进行过起蜡操作，则要检查地面的酸碱度，确认其为中性后晾干地板，或用吸水机吸干。

步骤5：用平板拖布蘸蜡均匀地涂在地板表面，用量在 40 m²/kg 左右。平板拖布拖过的地板表面，不可有明显的液体质感残留。

（4）注意事项

补蜡也是地板日常护理方法之一，补蜡前先要确定蜡面较干净、无破损。如果发觉蜡面已破损且污垢较严重，就不再适合补蜡了。

技能3：弹性地材蜡面抛光

（1）操作准备

抛光机 1 台，转速在 1 200 ~ 1 500 r/min，保养喷蜡 1 桶。

（2）抛光用蜡标准

抛光工作的用蜡主要用于在地材表面形成晶化层，一般用量在 300 ~ 400 m²/kg，具体用量可视地面材质和抛光机说明书而定。

（3）具体步骤

步骤1：对地材表面进行预清洁，清除地材表面杂质并彻底晾干地面。

步骤2：用喷壶将蜡液均匀喷在地材表面，要求喷洒均匀。

步骤3：抛光机安装白色百洁垫，将其来回推拉数次，抛光地面，直至地面抛亮为止。

步骤4：抛光后的地面要冷却一段时间，以等待蜡质晶化。其间可以通过观察地材边缘或进行安全触摸以确认结晶化程度，等待地面基本恢复自然温度后，即完成抛光程序。

（4）注意事项

1）抛光时，抛光机不能长时间停留在同一块地方，否则会留下百洁垫的圈痕。

2）根据人流量每周抛光 1 ~ 2 次，或根据五维度养护周期确认法设定保养周期。

二、弹性地材的日常护理

弹性地材的日常护理工作主要是一些预防性措施或对蜡层的补救工作，主要包括灰尘控制、水的控制、地拖推尘、重污区域除污、抛光、定期补蜡、定期清洗上蜡、焦油去除和除胶、除漆。

1. 灰尘控制

可在主出入口处放置除尘垫，以阻挡灰尘、颗粒进入室内。

2. 水的控制

在卫生间门口、茶水间门口，以及下雨天在底层入口处，要备好干拖把，及时把地上的水拖干。建议在这类区域放置一些吸潮垫。

3. 地拖推尘

建议每小时进行数次地拖推尘，也可以根据人流量增减推尘频率。

4. 重污区域（如卫生间、茶水间门口）除污

将通用清洁剂、水性除油剂混合后，与水按 1 ∶ 20 的比例混合，使用平板拖布拖地，再用清水过洗一遍。

5. 抛光

高流量区域建议每天进行 1 次喷蜡抛光。抛光工作应尽量挑选人流量不密集的夜间进行。

6. 定期补蜡

地面清洗干净后补 1～2 次面蜡。

7. 定期清洗、上蜡

建议 2～4 个月进行一次从起蜡到打蜡的完整过程。视人流量增减情况可以在此标准周期上进行调整。

8. 焦油去除

对于橡胶地板上烟头烫的焦油使用水性除油剂原液浸泡 20 min，用百洁布擦洗后再用湿毛巾擦一遍，然后补 1 遍面蜡。

9. 除胶、除漆

百得胶、油漆等污垢可使用除胶剂去除。

思考题

1. 常见的弹性地材有哪些？
2. 清洁地材的工具设备有哪些？其特点是什么？
3. 如何根据地材特性和环境规划养护周期？
4. 如何区别地材保养中的打蜡、补蜡、起蜡工艺，它们的适用情况如何？

第 3 章

石材的清洁与保养

第 1 节 石材的分类和特性

本章介绍的石材主要是建筑材料中的饰面石材,其具有一定的装饰性能、物理化学性能、加工性能,可加工成一定规格尺寸的建筑材料,用于建筑物的内外表面装饰。目前,房地产项目中用到的石材主要有大理石、花岗石和人工合成石材等。饰面石材大多属于沉积的碳酸盐岩及其变质岩,适用于室内装饰。花岗石类饰面石材大多属于岩浆岩和变质的以硅酸盐矿物为主的石材,适用于室内外装饰。板石即地质上的板岩,主要作为外环境面装饰和屋顶板。由于这些石材对于建筑物有着装饰点缀的美观效果,且多暴露在外界环境中,容易受到环境影响而产生污染或病变,因此需要清洁服务师对其进行清洁保养。

一、花岗石

花岗石(见图 3-1)是以石英、长石(包括正长石和微斜长石)和云母为主要成分的、具有一定装饰效果的常见天然石材。通常情况下,花岗石中的石英含量为 20%~40%,长石含量为 40%~60%,其所含成分种类和数量的不同使其呈现出丰富的色彩。花岗石质地坚硬密实,其硬度(莫氏硬度约为 7)和强度都较高,因而具有很好的耐磨性和耐酸碱性,耐候性也好,坚固实用,可以经受表面抛光、细磨、火烧和喷砂等处理,也可以经受高强度的冲蚀和磨洗。

花岗石的污染通常都是深层次和具有扩散性的,因而在清洁的过程中要格外小心。对于天然花岗石的清洁、使用要求,可以查找国家标准《天然花岗石建筑板材》(GB/T 18601)。

图 3-1 花岗石

二、大理石

大理石(见图 3-2)在我国最初仅指产自大理的一种花纹精美的白色石灰岩,其纹理自然而丰富,剖面纹理甚至堪比意境高远的水墨画。随着历史的发展,大理石的范畴也逐渐扩大,一切有各种颜色花纹的、可以用来作建筑装饰材料的石灰岩,都可以被称之为大理石,而其中最有名、用途也最为广泛的一类就是洁白无瑕的汉白玉。

图 3-2 大理石

大理石的主要成分为碳酸钙（$CaCO_3$）或碳酸镁（$MgCO_3$），用其制成的石质构件拥有丰富多彩的纹理，但由于它的石质相对较软，因而其强度、耐候性和耐磨性都比较差，在清洁和养护的过程中不能接受反复、高强度的研磨和冲蚀，因而需要避免选用喷砂法和研磨法等具有较强磨损性的清洁方法。不过由于大理石是经过长期高温作用变质形成的，其组织结构均匀，表面致密，不易形成深层扩散病害，且线膨胀系数极小，内应力完全消失，不易变形且耐受高温，因此清洁时可以考虑采用蒸汽法和激光法等高温清洁方法。

需要说明的是，欧洲国家用于制作雕像的白色石材虽然也被称为大理石，但这只是由于翻译时未进行严格考证而导致的误译。这种石材的硬度要远远高于我国常用的大理石，二者是完全不同的两类石材，因此在使用欧洲国家清洁石材的机器时，不可直接将其大理石清洁模式生搬硬套到国内大理石建筑材料的清洁工程中。

有关大理石的清洁使用标准，可以查找国家标准《天然大理石建筑板材》（GB/T 19766）标准。

三、砂岩

砂岩（见图 3-3）是一种深层沉积岩，其结构稳定，主要是由砂粒胶结而成，其主要成分是石英颗粒（SiO_2），还可能含有硅、钙、黏土和氧化铁等成分，常见的砂岩主要成分为石英、黏土、氧化铁以及其他物质。由于含有氧化铁，砂岩的局部或整体呈红褐色。

图 3-3　砂岩

砂岩的表面和内部结构都十分粗糙，因而不需要抛光，而且其颗粒间有很多微孔，在微孔中十分容易藏匿冷凝水、粉尘及油脂等物质，因此需要进行深层清洁。由于砂岩的吸水率较高，因而在经过深层清洁后，必须将残留于微孔中的水分去除，否则在自然因素的作用下，砂岩极易出现崩裂、脱落、水迹水斑、锈黄斑、盐碱斑以及白华等病害。

砂岩适用于需要经受高强度、高频率踩踏的阶梯、地面和月台。相关的清洁使用标准可以参考北京市地方标准。

四、人造石与其他天然石材

建筑材料的石材还会用到一些人造石和其他天然石材，由于这些天然石材的种类繁多，产地不一，用途不同，很难做统一介绍，因此清洁服务师在工作前了解目标石材特性是做好石材清洁养护工作的前提。

人造石是一些用有机材料和无机材料混合生产出来的、具有天然石材部分特征的装饰性板材的统称。其常见种类包括石英石、岗石和无机人造石。人造石普遍具有吸水率极小、色差低、抗污染能力强的优点，但同时也有抛光性差、与水泥黏结能力差、收缩率高的缺点。所以其在使用中受环境因素影响会出现收缩、空鼓和水包等现象。另外在抛光和保养时需要使用专用药剂进行处理。

相关链接

人造石的分类和特点

人造石通常是指人造水磨石、人造石英石、人造石岗石、抛光砖、微晶石、水泥硬化地等。人造石类型不同，其成分也不尽相同，主要有树脂、铝粉、颜料、石子、固化剂或水泥。

人造石主要应用于建筑装饰行业中，是一种新型环保复合材料。相比不锈钢、陶瓷等传统建材，人造石不但功能多样，颜色丰富，应用范围也更加广泛。人造石具有无毒性和放射性、阻燃、不粘油、不渗污、抗菌防霉、耐磨和耐冲击、易保养、无缝拼接、造型百变等特点。

第 2 节　石材清洁保养知识

▶ 一、石材防护剂

石材防护剂是指能够有效降低石材的吸水率，提高石材的抗污染和抗风化能力，防止石材出现水斑、泛碱和锈黄等现象的石材护理产品，是石材清洁养护的核心。充分理解和认识石材防护剂的定义、分类和特点，对于选择和使用石材防护剂进行有效保护，以及提高石材护理工作的效果及效益具有重要意义。

从理论上和技术层面上讲，石材防护剂要做到"主体成分能够与天然石材有机结合、对石材的外观没有明显改变、有效地降低石材的吸水率、明显地提高石材的抗污性能、效果在酸碱条件下相对稳定"。由此可看出，石材防护剂的作用有二：一是要有效地降低石材吸水率，二是要明显提高石材的抗污染能力。使用防护材料对石材进行防护处理，其现实意义主要体现在四个方面：第一，使装饰石材在潮湿的条件下可保持色彩稳定；第二，防止石材受到水的侵害而出现冻融、酸雨风化、锈黄、水斑和泛碱等现象；第三，能使液态的污染物只停留在石材的表面，从而使石材的保养和清洁变得更容易；第四，有利于缩短石材维护保养作业时的工期，提高石材抛光效果和效率。

1. 石材防护剂的防护原理

水是使石材产生风化现象的主要自然因素之一，避免使石材受到水的损害是清洁服务师对石材进行防护的最初动因。人们很早就学会了将天然树脂涂抹在石材上对其进行防水保护的方法，这些树脂会在石材的表面形成膜层，以隔离雨水和其他外来因素对石材产生的损害。虽然以现今的科学理论来看，用树脂膜层封盖石材表面的方式对石材进行保护是不科学的，因为它不仅会改变石材的自然色彩，而且还会堵塞石材的天然透气孔，引发石材变质，但以覆盖石材表面进行防护依然是一种常见的防护思路。

从宏观角度上来看，自然界的水交换过程（雨、雪、水分蒸发）时刻都在进行着。天然石材具有不同的吸水率，水又是石材产生风化现象和受到污染的一个主要原因，如图3-4所示。从微观角度上来说，石材表面上的水分和液体污物会渗入到石材中，石材背面也存在受潮的可能性。因此，如何使石材既保持良好的透气性使底部的水汽能够透出，又避免水和其他液体渗入石材内部损害和污染石材，已成为当今石材防护的一个有意义的课题。

图3-4 被园林浇灌作业淋湿的石材地面

理想的石材防护处理形式，应该是涂刷一种无色、非成膜、具有浸透能力的液体材料，以保护暴露在外的石材表面和内在组织免受潮气和其他液体的损害。降低石材的吸水率是使石材免受水分损害和减少污染的最好方法。所以，石材防护材料除了能使石材的吸水量明显减少外，还应最大限度地保持石材的透气性、深层渗透性、耐酸碱性、耐紫外线性，且对人类和环境无危害。

有机硅聚合物材料是一种功能性材料，涂刷在物体表面会形成良好的疏水现象，在经过设计和加工后，它几乎能满足人们对石材防护的所有要求。与蜡、丙烯酸树脂等成膜性涂料不同，这些有机硅材料不会堵塞和封闭石材表面的毛孔，而仅仅是在石材晶体或毛孔壁上形成一层薄薄的膜，保持整个毛孔的畅通透气，如图 3-5 所示。由此材料制成的石材防护剂，一方面能使石材表面形成的防护层具有较低的表面张力，使水分无法铺展开进而湿润石材；另一方面也能使液态的水无法通过已有防护层的毛孔渗入石材内部，因为作为有极性的水已无法吸附非极性的憎水层，尽管二者相互接触，但看不到石材被水湿润的现象了。除此之外，完全固化后的有机硅聚合物在分子结构上与天然石英极为相似，因此这种防护剂中的活性物与花岗石有着很好的亲和力，从而使防护效果表现出异常的耐久性。可以说，用有机硅防护剂对石材形成保护是迄今为止最科学的方法。目前，人们将氟化物与有机硅聚合物进行嫁接，又弥补了有机硅防护剂在防油和防污性能上的不足，使其性能更加完善。

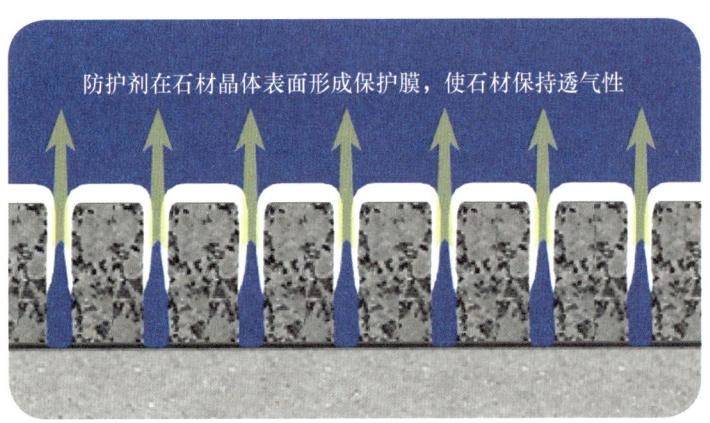

图 3-5　石材保护膜

2. 石材防护剂的发展、分类和特点

石材防护剂作为一项成熟的技术产品，在应用于石材的过程中经过了较长时期的发展和完善。在当今技术、材料不断创新的时代，几乎所有能够应用的技术和材料都在石材防护中有所体现。简单地讲，构成石材防护剂的主要成分可分为两类：一类为活性物，即在石材防护剂中发挥功能性作用的组成物质；另一类为溶剂，也称为分散剂，作用是将活性物溶解其中，并起到媒介的作用，即把活性物送入石材内部，使其能够与石材相结合，形成渗透性保护膜层。

有机硅聚合物是一种作为活性物生产的石材防护剂，是一种理想的材料。它具有较好的防水性、化学稳定性、分子结构理想、能与石材有机结合等优点，而且还会保持石材的透气性。现在市面上的石材防护剂大都是以有机硅聚合物为主体活性成分的。

基于人们对石材防护剂性能提出了更高的要求，有机氟聚合物也被应用于石材防护领域，它出色的抗油和抗污染性能及耐化学性使其对石材的保护性趋于完美。

由此，可以通过确认石材防护剂的活性物成分来区分产品的防护功能：含有有机硅成分的防护产品防水性能较好，含有有机氟成分的防护产品防污性能较好，含有有机氟硅成分的防护产品防水、防污和防油综合性能相对较好。当然，并不是所有含有有机硅和有机氟成分的石材防护剂的性能都是相同的。由于防护剂的配方组成涉及技术、材料和成本等众多因素，各厂家、各品种的防护剂在性能、质量上也会有较大的差异，这些差异主要表现在产品的内在质量指标上，如效果的稳定性和持久性方面。

（1）按功能分类

石材防护剂按防护功能可分为防水剂、防污剂两大类。防水剂（见图3-6）是能够有效降低石材的吸水率，对石材提供防水保护，防止石材受到水损害的一种防护材料。防污剂（见图3-7）不仅能对石材提供防水保护，还能够防止其他液体污物（如红酒、果汁、食用油、机油、染料等）渗入石材内产生难以清除的污渍。

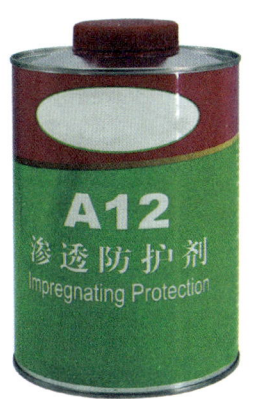 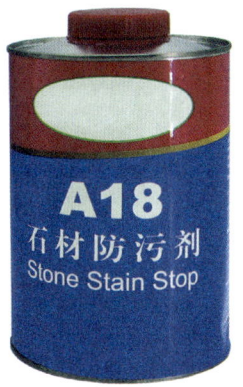

图 3-6　防水剂　　　　　　图 3-7　防污剂

（2）按所含活性物分类

石材防护剂按其所含活性物（有效成分）的成分可分为有机硅聚合物类防护剂、有机氟聚合物类防护剂、有机氟硅聚合物类防护剂和丙烯酸树脂类防护剂。

1）有机硅聚合物类防护剂。有机硅聚合物类防护剂是由特殊分子结构的有机硅聚合物作为活性物配制的石材防护材料。它的作用机理是涂刷在石材表层上的有机硅活性物在毛细作用下进入石材内部，经潮气的作用生成羟基团，这些羟基团与石材矿物体的羟基之间重新进行化学结合，从而在石材晶体上形成牢固网状结构的斥水膜层。由于这些有机聚合物特有的物理和化学品性，它们渗入石材空隙内壁后会形成非极性的保护膜，从而阻止了石材被水湿润的可能，而且这种效果在碱性条件下比较稳定，可防止石材底部水泥基层里的碱性成分向外渗透和侵蚀。因此，这类防护剂具有防水性好、渗透性强、酸碱条件下相对稳定、防护效果持久、处理后的石材保持透气性、不改变石材表面色彩等优点，已成为目前应用最广、最成熟的一类石材防护剂。

2）有机氟聚合物类防护剂。有机氟聚合物类防护剂是由特殊分子结构的有机氟聚合物作为活性物配制而成的石材防护剂。它利用有机氟聚合物的特性，使一般液体（无论是亲水的还是疏水的）无法在被处理过的石材表面上铺展浸润，从而起到憎水、防油、防污的作用。这种防护剂既有良好的憎水性，又有较强的防油能力，通常也作为石材防油剂。需要注意的是，这类防护剂尽管憎水性好，但其防水能力却较差，涂刷在石材上不能显著降低石材的吸水率,在选用时要注意它的这个缺点。

3)有机氟硅聚合物类防护剂。有机氟硅聚合物类防护剂是由有机氟硅聚合物为活性物配制而成的石材防护剂。它既有有机硅类防护剂较好的防水性特点,又有有机氟类防护剂较好的憎水和防油特性。用有机氟硅聚合物类防护剂处理过的石材表面,几乎所有液体都无法在其上面铺展浸润,从而起到防水、防油、防污的作用。这种防护产品既有良好的防水能力,又有较强的防污和防油能力,通常也作为石材防污剂。由于成本等原因,这类防护剂主要应用于一些容易受到严重污染的场合,如停车场、医院、餐厅等。当然,它在一些材质疏松和吸水率较高的石材上和潮湿的环境中所表现出的优异防护效果和持久性,也是其他防护剂所不能比拟的。

4)丙烯酸树脂类防护剂。丙烯酸树脂类防护剂是由特种丙烯酸树脂作为活性物配制而成的石材防护剂。它利用丙烯酸树脂在石材表面形成的膜层对被处理的石材表面进行保护。这类防护剂通常在一些粗糙的石材表面上使用,像火烧面、仿古面和自然面等,因为这类石材表面粗糙且毛孔是完全开放的,所以很容易受到污染。另外,它还被用在对石材底面进行封闭处理,如有些裂纹比较丰富的大理石。这种防护剂的缺点有二:一是用于地面石材表面处理时形成的膜层会被磨损,要定期进行补刷处理;二是被处理后的石材不具有透气性。

5)其他防护剂。目前,市场上还有一些以钾基或钠基硅酸盐材料为有效成分的水基稀释物石材防护剂。从科学的角度和现有的石材防护剂标准来说,这类防护材料不宜用于石材的保护。一是因为它会在石材表面形成防水膜层,依靠这层薄薄的防水膜层起到防水作用,但这些膜层与石材仅仅是物理上的结合。二是因为这层防水膜层在碱性条件下表现极不稳定,可重新降解为可溶性的硅酸盐,从而丧失防水性。所以,这类产品不仅耐碱性差,耐酸性和耐候性也差,而且其本身就是强碱性物质,对石材存在潜在隐患,要慎用。

(3)按所用分散介质分类

石材防护剂按其所采用的分散介质可分为水剂型和溶剂型两大类。

1)水剂型石材防护剂。水剂型石材防护剂也称为水性防护剂,是以水作为溶剂,将防护剂的活性物分散在其中配制而成的石材保护材料。由于这类防护剂的活性物是有机硅聚合物乳化后的产物，所以经过水的溶解稀释，防护剂也呈乳白色。硅酸盐类防护剂也是一种水剂型产品，但由于其存在许多缺点，故不能把它看成典型的水剂型防护剂。出于环保和安全方面的原因，世界上越来越多的国家对有机溶剂类涂料（包括溶剂型石材防护剂）的使用进行了限制。所以，以水作为溶剂的各种石材防护剂的开发和生产越来越受到业界的关注。其优点就在于水可满足人们在环保方面的要求，缺点是以水作为溶剂的防护剂的溶解和助渗作用远没有一些化学溶剂好。另外，现有的有机硅或有机氟聚合物的乳化技术还存在一些"瓶颈"，所以在水剂型防护剂活化物的开发和利用上还远远没有化学溶剂型石材防护剂那样充分。尽管如此，对于一些特殊场所，包括营业场所或对气味比较敏感的环境，水剂型石材防护剂还是最佳选择。

2）溶剂型石材防护剂。溶剂型石材防护剂也称油性防护剂，是以一些石油溶剂或其他化学溶剂作为分散剂，将有机硅和有机氟聚合物等活性物溶解其中配制而成的石材防护剂。由于这类防护剂所采用的活性物分子量较小，溶剂的溶解性和渗透能力也比较强，所以这类防护剂也称为渗透防护剂。溶剂型防护剂最大的优点在于溶剂与活化剂直接匹配，不会也不需要改变这些聚合物的形态和性能，最能体现这些聚合物在防水防污性能上的优势，也能够最大限度满足防护剂在渗透性方面的要求。当然，为了满足石材防护剂在环保性方面的要求，对这些溶剂在有害物质含量方面也进行了限制，合格的溶剂型石材防护剂在环境的安全性方面是符合现行国家标准的。

（4）按使用部位分类

石材防护剂按涂刷在石材上的防护部位分为饰面型石材防护剂和底面型石材防护剂。

1）饰面型石材防护剂是指用于涂刷防护石材非粘贴面的防护剂，其技术重点是满足石材装饰表面上的防护要求。

2）底面型石材防护剂是指用于涂刷石材粘贴面的防护剂，其技术重点在于涂刷在铺贴石材的底部，要既能满足防水和抗渗性能上的要求，又能保证被防护面与水泥浆或水泥基黏结剂的黏结强度不被影响和降低。所以，底面型石材防护剂也是一种特殊意义上的石材防护剂。

3. 石材防护剂的质量和技术指标

石材防护剂的质量和技术指标是评判防护剂质量好坏的主要标准，对于选择和使用防护剂对石材进行有效防护处理具有指导意义。了解了一款石材防护剂的技术指标，也就掌握了它的理化特点以及质量等级，并可以很好地预判此款防护剂是否适合防护目标效果。

国家标准《天然石材防护剂》（GB/T 32837—2016）中对各种类型防护剂的技术要求也作出了相应的规定。饰面型石材防护剂的技术要求包括：使用防护剂后，石材表面的颜色变化，防护剂的稳定性和pH值，防水性和毛细吸水系数下降率，耐污性、耐酸性、耐碱性和耐紫外线老化性。底面型石材防护剂的技术要求包括抗渗性和水泥黏结强度下降率两个方面。另外，国家标准也对防护剂的环保性作出了规定。对水剂型石材防护剂挥发性有机化合物（volatile organic compounds，VOC）含量做出了限制，对溶剂型石材防护剂苯、甲苯、二甲苯、乙苯含量做出了限制。

（1）防水性

石材防护剂的防水性是衡量其性能的一个基本指标，它表示石材防护剂的防水能力，说明石材防护剂涂刷在石材上后，石材吸水率下降的程度。这个指标越高，说明防护剂的防水性能越好。从现有的材料和技术上看，防水性在75% ~ 85%就是比较好的产品了。当然，由于石材是透气性材料，而且其结构密度差异较大，要做到百分之百的防水性也是不现实的。

（2）耐碱性

石材防护剂的耐碱性是评价石材防护剂内在品质的关键性指标之一，指防护剂涂刷到石材上后，能够抵御碱性物质破坏的能力，也就是石材防护剂的防水能力在碱性条件下的稳定程度。在碱性条件下测试防护剂防水性，这个指标越高，与防水性差异越小，说明防护剂的耐碱性能越好。石材防护剂的耐碱性对于选择地面石材防护剂具有指导意义。

（3）耐酸性

石材防护剂的耐酸性是评价石材防护剂内在品质的关键性指标之一，它表示防护剂涂刷到石材上后，能够抵御酸性物质破坏的能力，也就是石材防护剂的防水能力在酸性条件下的稳定程度。在酸性条件下测试防护剂防水性，这个指标越高，与防水性差异越小，说明防护剂的耐酸性能越好。石材防护剂的耐酸性对于选择墙面石材防护剂具有指导意义。

（4）渗透性

石材防护剂的渗透性是评价石材防护剂内在品质的关键性指标之一，它表示防护剂涂刷在石材上后，其活性物浸入石材表层的能力。检测这个指标很直观，就是将防护剂在要处理的石材表面上涂刷两遍，24 h后将石材敲断，将断面蘸上水，其表层没有变色的深度就是防护剂在这种石材上的渗透性。这个指标越高，说明防护剂的渗透能力越好，防护层耐磨损和耐擦洗的能力也越好且效果越长久。

（5）防污性

石材防护剂的防污性是其防水性的外延，这个指标指石材防护剂除了防水性之外还具有的防止石材受到其他液体污染的能力。这个指标在测试上通常用几种有代表性的常见液体污染物进行滴试，如墨水、机油、植物油、染料、咖啡和果汁等。将液体污染物滴涂在做过防污处理的石材上，8 h或24 h后擦净这些液体污染物，然后查看其是否留下渗透性痕迹，如看不到痕迹或痕迹轻微，说明这种防护剂具有相应的防污能力。测试用液体污染物的相关标准都有规定或事先约定。

（6）憎水性

石材防护剂的憎水性是石材防护剂表面现象的一个特征，指石材防护剂涂刷在石材表面，其斥水或疏水的能力和现象。石材防护剂残留在石材表面越多，斥水现象越明显。当然，防护剂的憎水性和防水性有着本质的区别，但同时又有一定的关联。石材防护剂的憎水性通常对选择墙面石材防护剂具有指导意义。

（7）环保性

石材防护剂的环保性是评价其对人或环境是否产生危害或危害程度的指标。由于防护剂的组成涉及多种化工材料，因此它的环保性和安全性也是用户较为关注的一个重要方面。根据当前的标准规定，防护剂的环保性包括以下几个指标：苯、甲苯、二甲苯和乙苯以及挥发性有机物含量等。这些指标通常可以向防护剂供应商索取或进行检测。

4. 石材防护剂的作用

石材在使用过程中受到的损害，除了磨损和外力破坏外，水的侵害所带来的一系列病变和外来污染对石材装饰效果的影响也是一个主要方面。而石材防护剂的功能和作用就是能够降低石材的吸水率，防止石材受到外来液体的污染。所以，在石材的维护和保养时，科学合理地使用石材防护剂对石材进行再处理，可以有效地防止水对石材产生的危害，提高石材的抗污染能力，缩短维护作业时间。石材防护剂的作用有以下几点。

（1）显著地提高石材的抗污染能力

石材防护剂的一个基本功能就是降低石材的吸水率。常见的石材污染多数是以水或油为载体的液体污染，所以经过防护处理后的石材表面，能够抵御常见的水性或油性污染，使污染停留在石材表面，让石材的日常保养变得更容易（见图3-8）。特别是像餐厅这些特殊场合，如事先对地面进行防污处理，对于提升日后的维护保养效果意义重大。

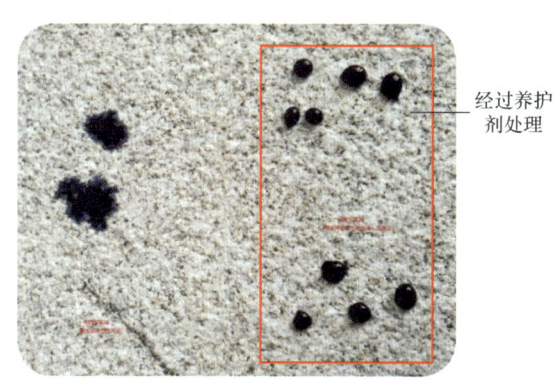

图3-8　右侧区域抗渗透性明显

（2）防止石材出现病变现象

石材在铺装和使用过程中受到水的侵害，会出现水斑、锈黄、色变、泛碱和风化等现象，降低了石材的装饰效果和使用寿命。事先和事中涂刷石材防护剂，可有效地预防这些现象的发生。

（3）预防石材翻新研磨过程出现病变

石材翻新研磨过程中需要使用大量的水，这些水有可能渗入石材内部或进入石材的底部，最终导致石材出现水斑、色变、泛碱等现象，影响施工效果。选择适当的防护剂对石材地面进行整体或局部防护，对防止石材翻新研磨过程中出现病变现象意义重大。

（4）提高石材地面抛光的效果和效率

石材地面的湿度过大，表面会泛碱雾化，降低光泽效果。石材在翻新研磨过程中会吸收水分而变得更加潮湿。若被抛光地面石材的湿度过大，不仅会弱化抛光剂的效力,也会制约钢丝棉的使用。由于潮湿,抛光时产生的热量会加剧地面"雾"的感觉,光泽也"提"不起来。如果让石材变得相对干燥,则需要一定时间的晾置。所以,事先对石材进行有效的防护处理,不仅能提高地面石材的抛光效果,还会缩短作业工期,提高作业效率。

二、石材清洗剂

石材的清洗是指采用物理和化学方法治理石材发生的病变及清除石材受到的污染,从而恢复石材的使用性和装饰性。各种功能的专业石材清洗剂就是对石材进行化学清洗的一种方式,各种清洗设备和器具是对石材进行物理清洗的一种实现手段。

1. 石材清洗剂的分类

(1)按清洗产品的化学特性,石材清洗剂分为碱性清洗剂、酸性清洗剂和中性清洗剂。

(2)按清洗产品的物理形态,石材清洗剂分为水剂、油剂和膏剂。

(3)按清洗产品的功能,石材清洗剂分为基本清洁剂、除锈剂(见图3-9)、除胶剂、除油剂(见图3-10)、色斑清除剂和霉斑清除剂以及一些特殊清洗剂等。

(4)按清洁对象,石材清洗剂分为大理石清洗剂、花岗石清洗剂(见图3-11)和砂岩清洗剂等。

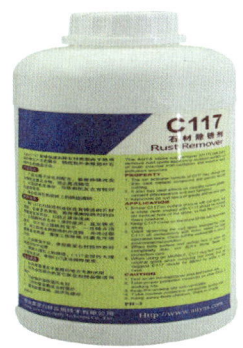

图3-9 石材除锈剂

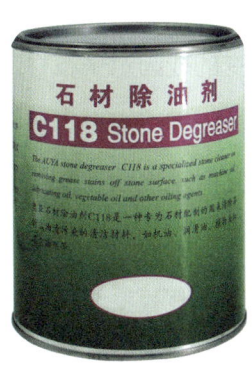

图3-10 石材除油剂

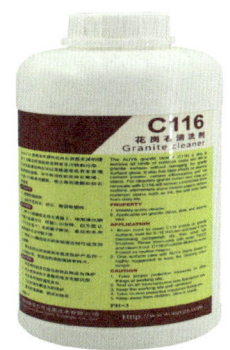

图3-11 花岗石清洗剂

2. 石材清洗剂的选择

（1）按石材的种类和理化特点选择清洗剂。花岗石可选用中性清洗剂，也可选用碱性清洗剂和酸性清洗剂。但对于大理石来说，酸性清洗剂会灼伤其表面，所以应选用碱性清洗剂和中性清洗剂。

（2）按污染源和病变的成因选择清洗剂。石材上的锈迹要选择专业除锈剂清洗，石材上的油迹要选用除油剂清洗，石材上的霉斑也要选用具有相应功能的清洗剂清洗。石材清洗剂的生产厂商往往会以清洗剂的功能和特点来命名，所以选用时比较直观。

（3）另外，在选择清洗剂时，产品的安全性和对环境的友善性也是不能忽视的一个重要方面。

3. 石材清洗剂的评价

对石材清洗剂的评价主要从效果、效率、可操作性和对石材及环境的危害几个方面考虑。效果上的评价往往比较直观，涉及对石材功能的评价。效率上的评价涉及时间和成本。可操作性上的评价涉及效果和效率的平衡。对石材和环境的危害评价，涉及对石材及环境的二次污染或破坏情况。

4. 石材清洗剂的使用

（1）弄清石材的种类和理化特点对于石材清洗的效果至关重要。

（2）弄清污染源的种类或病变的成因对于石材清洗的效率至关重要。

（3）酸性清洗剂和碱性清洗剂使用不当会对石材产生二次污染或破坏。

（4）使用清洗剂后，一定要及时用水清洗作业面。

（5）对于效果不确定的清洗剂一定要事先进行小面积试用。

（6）清洗环境的温度对清洗效果有着重要的影响。

（7）对石材清洗时采用化学和物理相结合的办法，会得到更理想的效果。

（8）对于大理石的泛碱问题，需要进行综合判断和分析。

三、石材抛光剂

1. 石材抛光剂

石材抛光剂通常是各种形态有机材料和无机材料的混合物，包含有粒径细小且坚硬的研磨微粒、助磨剂和增光剂等。石材抛光剂在形态上有粉状、液态和膏状的，也有制成片状和块状的。按照抛光机理，抛光剂可分为物理抛光剂和化学抛光剂两种，但更多的抛光剂是二者的结合物，因为这样的配方设计在效果和效率上会更好。

从广义上看，石材抛光剂也是石材研磨材料的一种。从产品设计角度上看，石材抛光剂是对石材研磨材料的一种补充或延续，因为在一个时期内，还没有更好的办法能使研磨片一步到位地研磨出更好的光泽效果，还需要一种新的材料去延续研磨过程，提高研磨和抛光效果。石材抛光剂的功能定位是石材研磨和抛光，也可用于石材地板维护保养中的光泽提高、光泽恢复和磨损修复，以长久保持石材表面亮丽的光泽效果。通常生产厂家也会针对不同的石材种类进行分类生产，像花岗石抛光剂（见图3-12）、人造石抛光剂和大理石抛光粉（见图3-13）等。

图3-12 花岗石抛光剂

图3-13 大理石抛光粉

> **相关链接**
>
> ### 大理石结晶剂
>
> 大理石结晶剂（见图 3-14）是一种用于大理石地面光泽保养的常用材料，也是一种典型的化学抛光剂。它含有酸性助磨剂、硅酸盐加硬剂和蜡等功能成分，在使用中借助抛光机产生的压力和热量，在大理石表面形成一层新的、密度和硬度都有所提高的共混结晶层，使大理石表面看上去更加细腻明亮。大理石结晶剂对大理石表面的抛光相对于大理石抛光粉来说，工艺程序更简单，对环境影响更少，所以它已成为大理石日常光泽保养的最好选择。当大理石表面的光泽效果受到磨损破坏时，使用大理石结晶剂对其进行抛光处理，可恢复和提高光泽效果。
>
>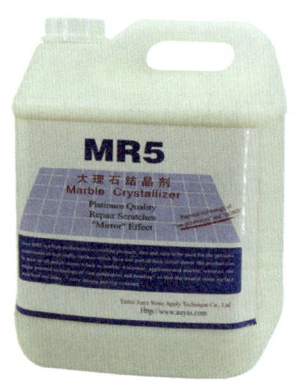
>
> 图 3-14　大理石结晶剂

2. 石材抛光剂的选择

石材抛光剂的选择，一定要遵循有效性、实用性、可操作性、专业性和科学性的原则，切忌受一些不科学说法的误导，有条件的可做一些现场测试，应从以下几个方面把握石材抛光剂的选择。

（1）按石材的属性和种类选择抛光剂。对花岗石地面进行抛光或保养处理时应选择花岗石抛光剂，对大理石地面抛光时宜选择大理石抛光粉。

（2）按使用目的来选择，有用于研磨抛光或用于日常保养两种情况。

（3）按抛光剂的功能来选择，有物理抛光、化学抛光以及物理和化学结合抛光三种类型。

（4）按光泽效果要求来选择，要以效果和质量要求为着眼点，结合成本因素进行综合考虑。

（5）按抛光剂的效率来选择，依据抛光剂的性能和成本做出决定。昂贵的抛光剂不一定会导致综合成本的提升，而低廉的抛光剂也不一定会使综合成本下降。要相信效率就是价值。

（6）按使用方法和工艺选择，由于施工环境和条件制约，要考虑抛光剂的适用性和可操作性。

（7）如果采用高效果和高效率的新型物理研磨技术能够满足要求，从环保角度上讲则无须使用传统化学抛光粉和结晶剂。

（8）每一种抛光剂都有其目的性和方向性，也有其优点和缺点。大理石抛光粉主要用于石材的翻新环节，它能明显且快速提高石材的光亮感，也不受地面干燥程度的限制。大理石结晶剂主要用于石材的保养环节，它不仅能修复石材表面受到的磨损，还能明显改善石材表面的光泽感。常见大理石抛光剂性能特点见表3-1。

表3-1　　　　　　　　常见大理石抛光剂性能特点

材料＼特点	技巧要求	作业效率	最佳适用作业类别	地面干燥度要求	光泽持久性
大理石结晶剂	较高	低	光泽保养	要求高	一般
大理石抛光粉	高	低	翻新抛光	不限	较好
大理石高光片	一般	高	翻新抛光	不限	最好

3. 石材抛光剂的评价

选择和使用石材抛光剂时，做好抛光剂性能的评价工作非常重要，它对于项目的效果和效益有着决定性的影响。要重点控制以下几个方面：使用效果、使用效率、可操作性、环保性、经济性（见图3-15）。

（1）对于抛光剂，重点评价的是其抛光性能和可操作性以及酸蚀性。对于大理石结晶剂，还要评价防滑性和效果的持久性。

（2）如果一款抛光剂可以达到非常好的抛光效果，但需要一些非常规的方法和手段，那么它被选择或普及的可能性就会受到一定的约束和限制。当然，对于

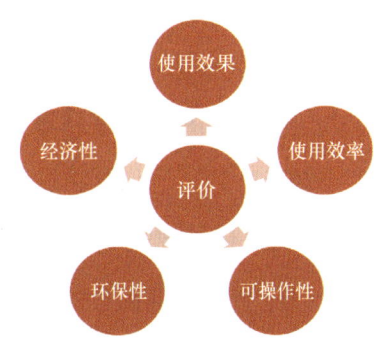

图3-15　石材抛光剂评价因素

一些效果要求非常高，且成本因素又不是问题的项目，这类抛光剂可能会成为最好的选择。所以，在选择和使用石材抛光剂时切忌盲目和偏激，既要掌握常规的方法，又要掌握一些非常规的方法，这样才能顺利完成各种类型的项目。

（3）抛光剂的环保性和安全性也是一个不容忽视的问题。材料的气味和粉尘等因素对作业环境和操作人员的影响、被处理后地面"滑"和"防滑"的程度等，都需要在选择、使用抛光剂时重点关注。

4. 影响石材抛光和保养效果的因素

（1）被处理石材的基础环境

对于使用抛光剂进行处理的石材地板来说，如果石材的湿度过大，就很难得到理想的抛光效果。地面油污或粉尘等污染如果事先不进行处理，也会影响抛光效果。

（2）被处理石材的基础光泽

对于使用抛光剂进行翻新处理的后期抛光，如果被研磨后的花岗岩或大理石表面的基础光泽很低，使用抛光剂后也很难得到理想的抛光效果。要进行结晶保养的大理石地板表面如果失光或被磨损得很严重，使用结晶剂处理后也很难恢复到原来的光泽效果。当然，材料的生产厂家也会针对不同情况设计生产一些非常规产品来满足特殊条件下的需要，从而获得理想的光泽效果。

（3）抛光剂的用量

对于不同材质，或底光不同以及保养频率不同的石材，抛光剂的用量也应有所不同。

（4）抛光剂的化学特性

抛光剂的一些化学特性，如 pH 值、黏度和干燥速度等特征，也会对最终的使用效果产生不同的影响。

（5）抛光设备的性能

抛光设备的功率、转速、质量等技术性能对石材抛光效果也有较大的影响。

（6）工人的技能和技巧

在对石材地板进行抛光作业时，工人的基本技能，包括石材知识、材料知识、设备的把控能力、作业的熟练程度和技巧等，对作业的效果也有较大的影响。

四、石材地面研磨和抛光设备

对新铺装的地面石材进行整体研磨或再抛光处理是提高石材装饰效果的一个主要手段，也是石材维护技术中的一个重要组成部分。石材铺装后，基于平整度的要求，需要对其整体进行再打磨；由于磨损和其他原因导致其表面光泽效果下降，需要做翻新处理。在石材的日常保养中，如何提高和维持石材的光泽，修复被磨损的石材表面，也是石材护理工作的一项重要内容。

人们在开发翻新研磨设备和抛光设备上下足了功夫，但由于设备综合性能等方面的制约，被处理后的石材光泽往往还是不能令人满意。由此，提高被处理石材表面光泽效果的研磨抛光材料、提高石材表面抗磨损和维持光泽能力的抛光材料，也成为石材护理技术中的关键基础材料。

1. 研磨和抛光设备

石材地面研磨和抛光设备是对用于石材地板研磨抛光的各种专业设备的统称，通过研磨和抛光设备，配合研磨和抛光材料，可对石材地板进行磨削和抛光等形式的再处理，以达到整平和翻新等目的。

研磨机的工作原理是通过电机驱动磨盘，依赖于特定的工作转速和机器的重力使磨盘上的磨块或磨片对石面进行研磨，使石材地面达到理想的平整和光亮效果。研磨机主要用来进行粗磨和细磨作业。研磨机的性能通常通过作业效果和作业效率来表达，而作业效果和效率又由研磨机的功率、转速、重力、盘宽和结构等指标决定。

抛光机主要用来对地面进行抛光和再结晶保养作业。其性能也是通过作业效果和作业效率来表达的。抛光机的功率、转速、重力、盘宽和结构等指标也是主要性能标志。

选择和使用研磨机和抛光机时，还要了解以下设备的常识和特点。

（1）带有变频控制的研磨机，可根据研磨程序的需要对转速进行调节，以达到最佳研磨效果。

（2）研磨机的规格型号已实现多样化，选用研磨机要考虑与作业要求相适应，搬运移动的灵活性也要加以考虑。大型研磨机的适配电源通常是380 V，带有研磨功能的小型抛光机的适配电源通常是220 V。

（3）大型研磨机和带有研磨功能的小型抛光机在功能定位和适合场景上也要有所区分。

（4）各厂家生产的研磨机在功能和配件的配置上，通用性比较差。

（5）配有除尘接口的研磨机可更好地适应干磨作业。

（6）石材研磨机磨头的数量越多、有效转速越高、盘口越大、电机功率越大，研磨工作效率就越高。

（7）石材研磨机的磨头一般有单一运行和行星运转两种运行方式。行星运转是两套磨头交复运转的研磨方式，其单位时间内对石材的研磨程度相对于普通研磨机更彻底、研磨效果更细腻。带有行星运转研磨装置的研磨机研磨效果和效率都是最佳的。

（8）桥式研磨机在设计上比较传统，但它的轴距大、抓地力强，对硬质地面的研磨效率高。缺点是使用中不够灵活，成本较高，操作费力，配套设施及附件造价高，导致运转成本也高。

（9）手推式多头研磨机（见图3-16）的设计更加合理，推进阻力少，运转平稳，研磨后的地面平整度和光泽效果相对较好。在配置上有多种形式，既有6个磨头、9个磨头和12个磨头可选，又有单速机和调速机之分。

（10）手扶式研磨抛光机设计轻巧，机动灵活，适合小面积打磨作业，可以一机多用，工作成本低。它既可对石材进行研磨，又可对石材进行抛光保养和刷洗。在配置上也比较丰富，可配重，带有水箱，并可适配研磨盘、抛光盘和洗地刷。

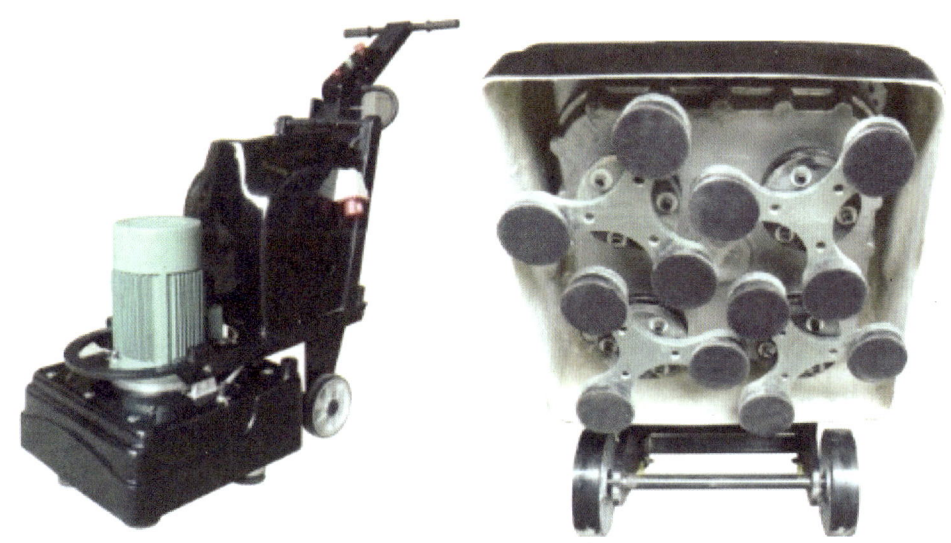

图 3-16　手推式多头研磨机

2. 辅助设备和工具

（1）吸尘吸水机。吸尘吸水机用于清理作业现场上的粉尘和研磨泥浆，其功率和容器大小可选。

（2）切缝机。切缝机用于切割板材拼缝和清理拼缝中的水泥残留。

（3）手持抛光机。手持抛光机用于局部打磨和抛光，有普通款和调速款两类。

3. 设备搭配

大面积的地面整体研磨和翻新作业，通常要根据作业面积和工期等因素准备一定数量的大型研磨机、小型抛光机以及吸尘吸水机和切缝机等。准备是否合理和充分将影响作业效率和工期。

石材地面抛光和再结晶处理，通常使用研磨机来完成。

五、石材清洁养护工具及材料

石材清洁养护常用的工具包括铲刀、喷壶、毛刷、滚刷、毛巾、尘推杆、尘推支架、尘推套、扫帚、簸箕、水桶、水勺、涂水器等。本节对石材抛光及保养所需研磨片等耗材进行介绍。

石材抛光和保养材料包括磨片、各类砂纸和化学药剂等，是一些具有特定性能和功能材料的集合体，它是根据石材的物理和化学特性设计的，在应用中具有非常明确的目的性。例如，花岗岩抛光剂就是一款专业的花岗岩地板抛光材料，大理石抛光粉就是一款用于大理石地板翻新时后期抛光的粉体材料，大理石结晶剂就是一款用于恢复或提高大理石地板光泽的结晶保养材料。这些产品的功能和指向非常明确。

1. 石材研磨片

（1）这里所说的磨片，是指专用于对已安装使用的石材进行再研磨抛光的各种研磨材料，它与专业的石材研磨抛光机配合使用，对石材表面进行磨削和抛光。石材研磨片是对石材进行再研磨和抛光处理的基础材料。

（2）石材研磨片通常是由人造金刚石和碳化硅等坚硬粉体或微粒作为磨料，使用结合剂制成的一类专有形状的磨具。按其所使用的结合剂不同，分为树脂硬磨片（见图3-17）、金属磨片和菱苦土磨块。

图3-17　树脂硬磨片

（3）石材研磨片按磨料的粗细分为不同型号。现在市场上的磨片有两种分号形式，一种是按磨片中磨料的粒度来分，常见于30#、50#、150#、300#、500#、1000#、2000#和3000#这类形式；另一种是简单地按磨片中磨料粗细排列序号，常见于0#、1#、2#、3#、4#、5#、6#这类形式。但无论是哪种分号形式，其规律都为越是排序号数在前的磨片,其磨削力越强,研磨痕迹越粗;越是排序号数在后的磨片,其磨削力越差,研磨痕迹越细腻,抛光性越强。一般来说,30#、50#、150#这三个号段磨片的功能属于粗磨磨削,300#、500#这两个号段的功能属于细磨磨削,1000#、2000#和3000#的功能属于精磨磨削。所以,石材的研磨抛光,是由粗磨磨片逐步向细磨磨片过渡的过程,由于磨片越来越细,被研磨地面的光泽就逐渐显现出来了。

(4)石材研磨片按工作形式还分为水磨片(见图3-18)和干磨片(见图3-19)。水磨片是指研磨作业要在有水的条件下进行,水起到助磨、冷却和排屑的作用。干磨片是指研磨作业要在无水的条件下进行,通常这类磨片的出光性较好,但也有脱色、效率低和现场需配除尘设备等缺点。

图3-18 水磨片

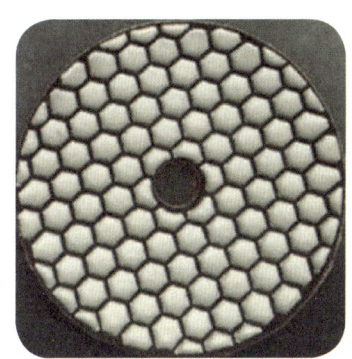
图3-19 干磨片

(5)石材研磨片还有花岗岩磨片、大理石磨片和通用磨片的分类形式,也有硬磨片和软磨片的分类形式,这些都是依据研磨片的专业用途和特点来划分的。

(6)石材高光片(见图3-20)是一种采用最新技术制成的石材地面研磨抛光片,它突破了原有石材研磨抛光需要物理研磨和化学抛光两个步骤的瓶颈,使研磨抛光一气呵成。它具有易操作和效率高的优点,经其研磨抛光的地面光泽细腻明亮、效果持久,也因为其完全采用物理研磨而降低了化学抛光剂对环境带来的危害。

图3-20 石材高光片

2. 石材研磨片的选择

石材研磨片的选择通常要结合石材的种类、地面状况、效果要求、研磨设备和工期等因素来决定。

（1）依据被研磨石材材质的特点来选择适合的研磨片。研磨片目前还没有统一的标准，每个厂家或每一款磨片的磨削力、抛光性和耐用程度都不尽相同，对不同材质石材的适用性也不同。对其进行测试、比较是非常必要的。

（2）通常来说，粗磨时宜选用厚一些和硬一点的磨片，这样磨出来的地面平整度相对较好。细磨和抛光时宜选用薄一些和软一点的磨片，这样的磨片与石材表面贴合得好，磨出的光泽相对较好。

（3）使用研磨片对石材地面进行研磨，就是一个由粗到细逐步研磨的过程。粗磨片会在石材表面留下较粗糙的研磨痕迹，后续的磨片就是要磨去这些粗糙痕迹，使被研磨的石材表面变得越来越细腻。但也不是选用的磨片越粗越好、越粗越快。如果为了"快"而让石材表面留下较"粗"的痕，那么下一步的研磨就可能为了磨掉这些粗痕而付出更多的时间，还可能会磨不干净。所以，磨片的选择也需要清洁服务师具备一定的经验。

（4）对表面受到磨损而出现光泽度下降的地面进行翻新研磨时，花岗岩地面建议从 $150^\#$ 研磨片开磨，大理石地面建议从 $300^\#$ 研磨片开磨。

（5）市场上现有的磨片多数抛光性较差，要搭配抛光剂或抛光粉在最后的环节对石材表面进行抛光处理。但也有一些性能更好的研磨片可使研磨和抛光一气呵成，其效果更好、效率更高、可操作性更强。

▶ 六、石材常见的病变与形成原因

风化是石材在自然条件下自然受损的主要形式，其受损的程度一方面取决于石材自身的状况，与石材的种类、矿物成分和晶体结构有关，像花岗岩抗风化的能力就要好于大理石；另一方面取决于环境的自然条件，像雨水的多少、酸雨的程度和紫外线的强烈程度等。石材的矿物成分和结构等内在因素，在所处的环境中遭遇各样外在条件的作用，几乎无一例外地都会出现各种影响石材建筑和装饰功能的问题，如花岗岩上的水斑和锈黄，大理石泛碱和胀裂等，实际上也是石材风化的一种表象。石材具有天然的吸水性，且应用的环境也无法与水"绝缘"。这些发生在石材上的自然现象，如果不采用科学技术去预防和治理，问题将不可避免，并降低石材的使用效果。

石材由于自身或外来原因发生了物理或化学上的变化，致使其使用性和装饰性受到影响，这种现象通常称为"病变"。石材常见的病变有：水斑、泛碱、锈黄、白华、冻融、苔藓、霉变和爆裂等。病变的原因一方面来自石材本身，也就是石材的毛细作用及石材的矿物成分；另一方面来自石材的外部环境，也就是石材的加工、安装和使用环节。

1. 水斑和泛碱现象

用水泥粘贴在地面或墙面上的花岗岩或大理石表面常常会出现湿痕、花斑、雾化和褪光等现象，出现在花岗岩上的不会自然变干的湿痕现象叫作水斑，出现在大理石表面上的雾化和花斑现象叫作泛碱。石材上出现水斑和泛碱现象，其发生和演变的过程既看不见也摸不着，成因复杂且多样，治理方法也有不同。但仍有必要分析和理清石材出现水斑和泛碱现象的根源，探讨其中的共性和个性，找到预防和治理这些问题的方法。

大理石用水泥浆铺贴在地面上，由于石材的毛细现象或水压的作用，地面上或水泥浆里的水分在挥发迁移的过程中，会将水泥里的一些可溶性盐碱物质和硅酸凝胶输送到石材的孔隙中。对于高密度的大理石来讲，其底部的水分往往会沿着它的裂隙或裂缝向外迁移。在这个过程中，一方面，水汽挥发跑掉了；另一方面，水汽输送出来的盐碱会沿着缝隙结晶在大理石的表面上，这些盐碱成分又会继续吸潮，继续吸收堆积沿大理石裂隙出来的盐碱成分，并呈逐渐扩散和蔓延的态势。这些析出在大理石表面的盐碱成分也会吸附地面上的灰尘，这时候我们看到的大理石表面就会呈现出灰蒙蒙和脏兮兮的景象，这就是所说的泛碱现象，如图 3-21 所示。所以，大理石地面的泛碱现象主要分布在大理石有裂缝的区域，并在一定的时间内呈扩延趋势。

图 3-21 泛碱现象

花岗岩是典型的晶体结构石材，它的毛细吸水现象比较明显。所以用水泥浆铺贴在地面上的花岗岩会吸水湿润变色，尤其是浅色花岗岩看上去会更明显。这是花岗岩遇到水出现的最初现象，花岗岩这个时期出现的湿色称为水迹。这些从花岗岩底面透上来的水并不是单纯的水，它在这里已变成了一个输送载体。随着水分的不断挥发输出，水泥中的一些盐碱或硅酸凝胶被输送进花岗岩的孔隙里，并堆积残留在花岗岩的浅表层，变成了一系列石材病变隐患。因为这些留在花岗岩空隙里的盐碱或凝胶具有较强的吸湿性和折光性，所以即使后期花岗岩底部的水分变干，它们也会继续吸收空气或环境中的潮气或水分，即使水迹中的水分散去，这些吸了潮的盐碱也会继续使花岗岩表面表现出湿润迹象，加上凝胶出现的折光现象，使这部分花岗岩表面看上去总是潮湿的，这就是所说的水斑，如图 3-22 所示。

对于大理石的泛碱和花岗岩的水斑现象，其内因在于石材具有吸水特性，外因在于水和水泥及环境里的其他因素。分析石材的这些现象，一定要注意其两面性和欺骗性，区分潮湿和吸潮、水迹和水斑的差别，否则就会在治理的思路和方法上走弯路。

图 3-22 水斑现象

2. 泛黄和锈斑现象

一些大理石品种在其表面上会出现大大小小、形状不一的橘黄色或黄褐色斑痕，排除外来污染因素，这些色斑出自大理石内部，而且大部分是沿着大理石的裂缝处泛出来的。这些来自于大理石自身的黄斑，一方面是大理石受潮后在碱性和水分的作用下内在矿物成分发生变化而导致的；另一方面是大理石底部的一些其他物质发生了变化而导致的，像木条发生了霉变、树脂黏结剂透出等。

锈斑是指铁的氧化物在潮湿的条件下或受其他因素诱导发生变化而在石材表面上呈现出来的黄色或黄褐色斑痕，如图3-23所示。石材上的锈斑通常由两种原因导致：一种是由自身原因所形成的，多是一些含铁质的花岗岩品种在潮湿环境下发生的变化；另一种是外来的锈迹污染了石材表面，如铁桶放在潮湿的大理石表面，时间久了就会留下锈斑。

图3-23 锈斑

3. 白华现象

清洗石材墙面时，经常会看到用水泥粘贴的石材表面留挂着一些白色的结晶物。这些白色的、沿着石材背部或接缝处由水分输送出来的可溶性物质就是白华。白华的形成过程与泛碱有些类似，它的主要成分是氢氧化钙和碳酸钙，来自水泥浆中。由于室外的墙面很难杜绝或隔离水源，这给彻底解决白华现象增加了困难。

4. 龟裂现象

石材龟裂是原来规整的石材板材在装修后，因自然力作用风化裂纹加大或脱离原粘贴层掉下的现象。石材龟裂又分为石材本身龟裂和石材与粘接物龟裂两种情况。石材本身龟裂主要发生在大理石类石材上，因大理石耐候性相对较差，风蚀、日晒、雨淋、冻冰等自然现象易在大理石上引起龟裂纹，常见现象为微裂纹扩大、边棱模糊、孔洞更加开放等。石材本身龟裂往往还与酸雨侵蚀和冻损等自然、化学、物理破坏共存。石材与粘接物的龟裂是因温度变化，两者膨胀系数不一致、膨胀不均匀，膨胀、收缩反复多次，久而久之，石材就会脱落下来。这种龟裂往往也伴随着冻融、泛碱、析盐等现象同时出现。

可以通过改变粘接用化学品、涂抹化工品提高石材与水泥砂浆的黏合力，从而预防和减少石材龟裂。

对石材发生的病变现象和成因进行梳理和分析，会发现这些问题的出现都是有规律可循的。虽然石材吸水是一种自然现象，但是在科学技术高度发达的今天，水给石材带来的"麻烦"是可以预防的，也就是说石材出现病变的现象也是可以防止的。

石材先天存在着发生各种病变现象的隐患，石材发生病变也是一种自然现象。水和湿度是促使石材发生病变的最主要外在因素，控制和杜绝石材接触过多的水分是治理石材病变现象的基本条件。对石材进行有效的防护处理或定期进行再防护是预防其发生病变的有效方法。石材病变现象多种多样，找到原因、分清类别是确定有效治理方法的关键。在对石材进行保养时，最大程度地控制或减少用水是防止问题发生的关键。

七、常见石材污染种类和形态

1. 水斑污染

水斑污染（见图3-24）是石材在安装后，在其表面出现的长期不干的湿痕，它以固定的位置、固定的面积、持续不干的形态，破坏了装饰石材表面整体视觉上的美观。水斑污染一般表现为不规则的片状湿痕在板面上的分布，且不能自然干燥，与周围石材相比色泽明显加深。与石材病变中因盐分残留形成的水斑不同，水斑污染是水斑病变现象长期存在引发的石材变质。水斑主要出现在石材墙面、地面上。墙面、地面水斑多发生在使用湿法水泥砂浆安装后的石材上，尤以室内地面、外墙面水斑对石材装饰外观破坏最大，因此，备受石材清洗行业的关注。石材水斑污染是石材装修直接使用水泥砂浆后最常见且最不易去除的石材病变之一，利用现已掌握的物理、化学方法清除水斑均比较困难，往往耗费人力、物力仍不能达到去除的目的，有些工程只好以更换石材来解决。因此，水斑污染被称为石材装饰中的癌症。

图 3-24　存在水斑污染问题的石材

水斑污染形成的原因非常复杂，其中包括水泥、酸雨、白华、砂质不良等因素，也有石材吸收地下污染而造成其本身的变质，这种变质了的石材相当不容易清理干净，所以唯一的方法就是进行预防。要预防水斑污染的形成，可在施工前使用多功能防护剂或专用石材防护剂。施工前对石材做防护处理，既可有效避免水斑污染的形成，又可达到良好的防污效果。

2. 油性污染

石材表面的油性污染（见图3-25）是日常生活中常见的石材污染之一，主要分为生活油性污染和工业油性污染。

生活油性污染主要为生活用油污染，这种污染在餐厨环境中较为常见，主要是由餐厨垃圾、食品油渍滴洒造成的；工业油性污染主要由汽车、机械等的润滑油或机油跑、冒、滴、漏造成，这种污染在建筑物门口的车道上较为常见。还有一种油性污染是日常保洁中的尘推油污染，这种油渍污染渗透性较强，一旦渗入石材就很难被清洗掉。

图 3-25 存在油性污染问题的石材

3. 施工污染

施工污染石材的现象在日常开荒保洁中比较常见,见表 3-2。

表 3-2　　　　施工污染石材的现象及解决方法

施工污染石材的现象	污染类型与解决办法
	水泥残留污染。施工中直接在石面上搅拌水泥砂浆,导致石材污染,用常规清洁剂难以去除,一般采用水泥白华去除剂或混凝土薄层去除剂去除
	油漆涂料污染。施工中未做好成品保护,涂料粘附在石材表面,用常规清洁剂难以去除,一般采用专用脱漆剂去除
	干挂胶胶油污染。石材安装施工中未做好六面防护,导致石材干挂胶胶油通过石材背面渗出石材表面,形成胶质污染,目前还未有有效彻底的去除方法

续表

施工污染石材的现象	污染类型与解决办法
	透明胶带污染。施工中在石面上粘贴透明胶带，导致胶带胶油渗透进石材表面，用一般清洁剂难以有效去除，经常使用研磨的方法去除
	金属锈斑污染。在石面上未做遮挡的情况下堆放金属构件，导致金属氧化物渗入石材中，只能通过专用石材除锈剂去除

八、石材污染类型与表现形式

石材污染类型与表现形式见表 3-3。

表 3-3　　　　　　石材污染类型与表现形式

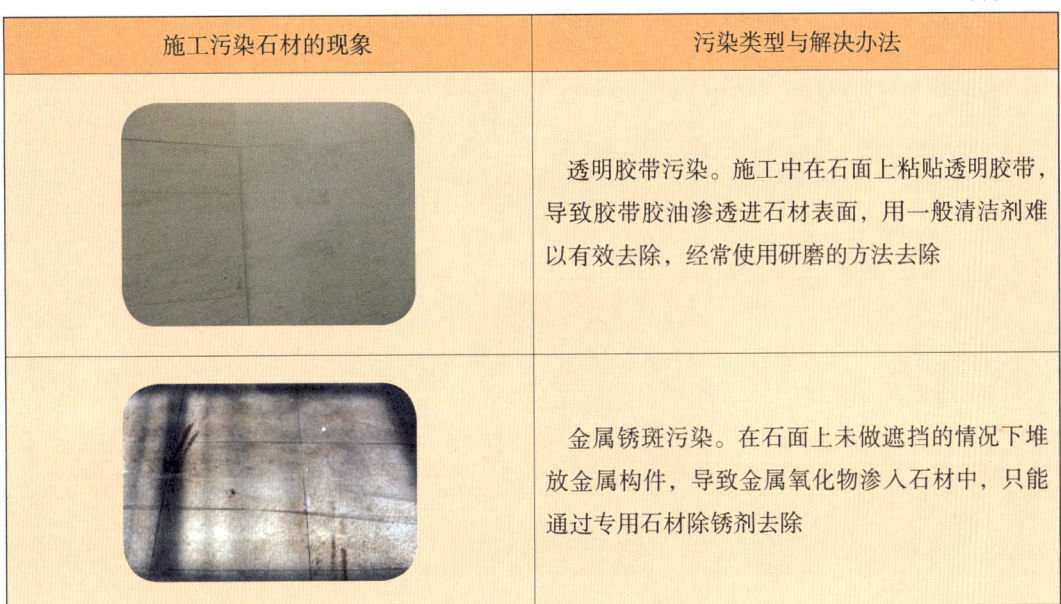

石材污染类型	表现形式
水斑污染	
锈斑污染	

续表

石材污染类型	表现形式
油性污染	
清洁剂腐蚀污染	
施工胶质污染	
色素污染	
泛碱污染	
霉菌污染	

续表

石材污染类型	表现形式
水泥污染	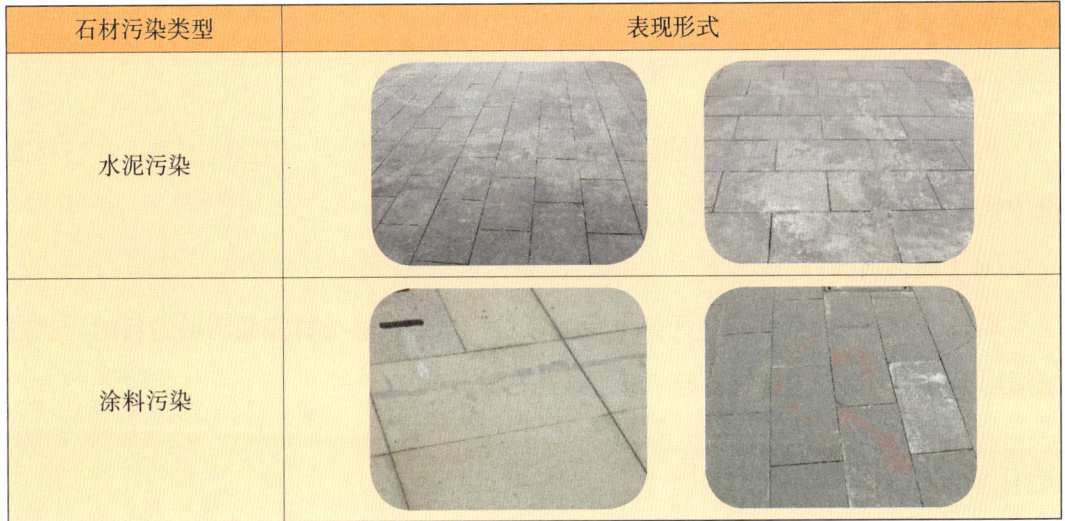
涂料污染	

九、石材清洁作业的技术形式和原理

1. 物理清洗法

（1）水清洗法

水清洗法主要包括水浸泡、低压喷水、高压喷水、水蒸气喷射、雾化水淋等。

1）水浸泡。水浸泡对石材上可溶于水的盐类很有效，如盐碱。比较硬的石材适合此法。

2）低压喷水。低压喷水虽效率低，但水流柔和，容易控制，但易造成石材与建筑金属件或墙体的浸泡损坏和微生物、植物、动物的生长。

3）高压喷水。高压喷水有高效廉价的特点，但使用起来较难控制，强大压力易造成石材边角的损坏，一般不能用于石材文物和艺术品的清洗。

4）水蒸气喷射、雾化水淋。水蒸气喷射、雾化水淋等法清洗效率比较低，在实际中应用不多，主要用于对一些石材文物、小型珍贵工艺品的污物清洗。

（2）离子喷射法

离子喷射法属于干洗，通过高压气流将石英粉、天然细砂、刚玉粉、玻璃微珠、方解石粉等喷射到石材表面，但该法也会损伤石材表面，故只是在一些特殊情况下加以应用。

（3）激光清洗

利用激光束清除石材表面的附着物，省时、无水、安全，但因成本高，在石材清洗中很少使用。

（4）抛丸清洗

通过机械抛甩金属颗粒、无机非金属颗粒，达到去除石材表面污垢的目的，此方法适用于室外大型结构石材，但不适合装饰石材。

2. 化学清洗法

化学清洗法是指通过化学品与石材中的污物发生反应，从而达到清洗的目的。这是石材清洗中使用最多的方法，可以达到清洗石材深层污垢的效果。清洗剂渗透进入石材的微细孔中，在石材内与污垢发生物理或化学反应，使污物脱离石材的黏结，浮于石材表面，通过吸出或稀释以清除污垢，最终达到清洗的目的。

化学清洗是装饰石材清洗使用最多的方法，也是最简便、易操作的方法，且投资小、清洗效果明显，目前大多数石材都采用化学清洗的方法。

（1）表面活性剂清洗法

表面活性剂清洗法是指利用表面活性剂降低石材界面的张力，通过润湿、吸附、乳化、增溶、分散、脱离等化学运动，使污垢分子脱开并分散到石材表面，从而清洗掉污染。这种方法类似于用日用化学品对衣服等进行的清洗。

（2）碱性溶液清洗法

碱性溶液清洗法是指利用碱性溶液具有的皂化、乳化、悬浮、滑腻等功能，来达到疏松、分散、悬浮石材表面污垢的目的。

油污分为皂化和非皂化两种。可皂化的油污遇碱易溶于水，较容易清洗掉；非皂化的油污，如矿物油，可借助乳化剂进行清洗。一些浅表层的油污可借助吸水机在石材表面的反复吸附加以清除。

（3）酸性溶液清洗法

酸性溶液清洗法是指利用硫酸溶液来去除硅质石材中的铁锈，待铁质溶解后用水稀释酸液，并清除残液。

（4）络合剂清洗法

络合剂清洗法是指利用络合剂对石材表面上的金属离子产生络合作用或螯合作用，使污垢生成可溶于水的络合物。

（5）电化学清洗法

电化学清洗法是指使用直流、交流或脉冲电流，将石材污染板放入能够导电的离子液中，借助正负两极板间的电场力，使石材污垢中的离子或有极性的分子发生电化学反应，致使污染分子按一定规律向一个方向运动，让污染物脱附、移动，从而达到清洗的目的。

（6）溶剂型清洗法

溶剂型清洗法是指借助有机溶剂对污染物的溶解能力，有针对性地使用专门的溶剂清洗石材，稀释后再用清水清洗或用洗涤液洗净。

（7）生物化学清洗法

生物化学清洗法是指借助微生物在生长过程中的活动，如发酵、排酸、软化等，对石材上小面积的污染物进行由硬到软、自动脱离的清洗操作。

十、人造石的分类和特点

人造石通常是指人造水磨石、人造石英石、人造石岗石、抛光砖、微晶石、水泥硬化地等。人造石的类型不同，其成分也不尽相同，主要是树脂、铝粉、颜料、石子、固化剂或水泥。

应用高分子技术的实用建筑材料，是随着人类社会科学技术的进步而产生并且不断改进的一种实用科学材料，其制造过程是一种化学材料反应过程。人造石主要应用于建筑装饰行业中，是一种新型环保复合材料。相比不锈钢、陶瓷等传统建材，人造石不但功能多样、颜色丰富，应用范围也更加广泛。人造石具有无毒性、无放射性、阻燃、不粘油、不渗污、抗菌防霉、耐磨、耐冲击、易保养、无缝拼接、造型百变等优点。

1. 树脂型人造石材

树脂型人造石材以不饱和聚酯树脂为胶结剂，与天然大理石碎石、石英砂、方解石、石粉或其他无机填料按一定比例配制，再加入催化剂、固化剂、颜料等外加剂，经混合搅拌、固化成形、脱模烘干、表面抛光等工序加工而成。使用不饱和聚酯的产品光泽好、颜色鲜艳丰富、可加工性强、装饰效果好。这种树脂黏度低，易于成形，常温下可固化。成形方法有振动成形、压缩成形和挤压成形。室内装饰工程中采用的人造石材主要是树脂型的。

2. 复合型人造石材

复合型人造石材采用的黏结剂中，既有无机材料，又有有机高分子材料。其制作工艺是先用水泥、石粉等制成水泥砂浆的坯体，再将坯体浸于有机单体中，使其在一定条件下聚合而成。对板材而言，底层用性能稳定而价廉的无机材料，面层用聚酯和大理石粉制作。无机材料可用快硬水泥、普通硅酸盐水泥、铝酸盐水泥、粉煤灰水泥、矿渣水泥以及熟石膏等制成。有机单体可用苯乙烯、醋酸乙烯、丙烯腈、丁二烯等，这些单体可单独使用，也可组合使用。复合型人造石材制品的造价较低，但其聚酯面易受温差影响产生剥落或开裂现象。

3. 水泥型人造石材

水泥型人造石材是以各种水泥为胶结材料，砂、天然碎石粒为粗细骨料，经配制、搅拌、加压蒸养、磨光和抛光后制成的人造石材。在配制过程中混入色料，可制成彩色水泥石。水泥型人造石材的生产取材方便，价格低廉，但其装饰性较差。水磨石和各类花阶砖即属此类。

4. 烧结型人造石材

烧结型人造石材的生产方法与陶瓷工艺相似,是将长石、石英、辉绿石、方解石等粉料和赤铁矿粉以及一定量的高岭土共同混合,一般配比为石粉60%、黏土40%,采用混浆法制备坯料,用半干压法成形,再在窑炉中以1 000 ℃左右的高温焙烧而成。烧结型人造石材的装饰性好,性能稳定,但需经高温焙烧,因而能耗大,造价高。

不饱和聚酯树脂黏度小,易于成形;光泽好、颜色浅,容易配制成各种明亮的色彩与花纹;固化快,常温下可进行操作,以不饱和聚酯树脂为黏结剂生产的树脂型人造石材,又称聚酯合成石,其物理、化学性能稳定,适用范围广。因此在上述石材中,树脂型人造石材是目前使用最广泛的一种。

 ## 第3节　石材地面的清洁与防护技能

▶ 一、石材地面的清洁技能

1．作业准备

（1）基础工作

1）查看现场，明确所要清洁石材的种类及特点。通过经验和方法鉴别、咨询业主、查阅有关技术文件或档案进行确认。

2）查看现场，明确被污染石材的污染源或污染物及污染程度。污染源和污染物凭经验、询问现场当事人和相关测试确定。

3）查看现场，明确石材病变的类别、成因和程度。分析和了解现场环境中可导致石材发生病变的因素和隐患。石材病变现象的类别和成因凭经验和测试来确定。

4）现场测试。通过对石材受到污染或病变的类别、成因等进行分析和判断，形成一个有关污染或病变类别和治理方法的初步结论。根据这个结论，选用一种或多种清洗材料，形成一种或多种清洁方案，再进行进一步的测试和验证。根据测试结果，依据有效性、可操作性以及环保和安全性等因素选择最佳治理方案。

5）制定项目建议书。通过对现场的查看和测试，形成了相对科学有效的有关石材污染和病变的结论及治理方法，向业主或物业管理方提交一份项目建议书。

项目建议书由以下内容组成：污染或病变的类别，产生污染或发生病变的原因，治理方法和治理效果或治理程度，控制污染或防止病变再发生的建议，作业期间有可能对周边工作或生活环境产生的影响，费用预算，工期预估等。

6）制定清洁作业指导书。制定一份科学合理的清洁作业指导书是实现项目作业安全、有效和按期顺利进行的必要保证。清洁作业指导书应包含项目概况、岗前培训、技术和质量要求、材料和设备明细、工艺指导和要点、现场保护措施、安全管理和防护措施、材料和设备管理措施、工期和进度要求等。

（2）工具、设备和材料的准备

按照清洁作业的需要，准备必要品种、数量的清洁材料、设备及其他辅助工具和材料，见表3-4。

表3-4　　　　　　　　石材清洁主要材料和设备表

材料和设备名称	功能	特点
石材中性清洗剂	基本通用产品，用于石材常见污染清洗	pH显中性
石材多功能清洗剂	基本通用产品，用于石材常见污染和色斑清洗	pH显碱性
花岗石清洗剂	清除花岗石表面重污、锈斑和白华等	pH显酸性
花岗石除锈剂	清除花岗石表面锈斑和白华等	pH显酸性
石材色斑清除剂	清除石材上的色渍污染和泛黄等病变	pH显碱性
石材除油剂	清除石材上的植物油和机油等污染	膏状
石材除胶除漆剂	清除石材上的胶迹、油漆和涂料等污染	溶剂型
清洁伴侣	可将各种液体清洗剂调成糊状，有吸附和防流淌作用	粉状
多功能抛光机	具有抛光和刷洗地面的功能，配尼龙盘刷使用	220 V电源
吸尘吸水机	具有吸尘和吸水功能，大功率，吸力强	30~70 L
吹风机	可快速排风和吹干地面	—
警示牌	作业现场警示标识	立式
隔离绳	隔离围挡作业区	—
防护装备	防护服、防护面罩和耐化学腐蚀手套等	—
水桶	盛装清水和污水	—
灭火器	大面积使用溶剂型清洗剂时必备	手提式

（3）作业现场准备

1）划分和隔离现场作业区域和材料设备摆放区域。

2）摆放警示牌。

3）对作业现场中的绿植、家具和其他设施进行适当保护。

4）作业人员穿戴有效的防护装备。

5）检查设备供电是否正常。

6）开启现场通风装置或打开门窗通风。

2. 操作步骤

步骤1：清除石材表面上的粉尘等污垢。

步骤2：将清洗剂涂刷在污染物或污垢上，用尼龙刷子进行刷洗。如果是反应型清洗剂，则需要让其在污染面上浸润一段时间后再用刷子进行刷洗，或用纸巾涂清洗剂贴敷一段时间再进行刷洗。大面积的地面清洗，可使用洗地机刷洗作业，将清洁剂放入洗地机水桶，或将清洗剂洒在地面上，再启动机器刷洗地面。

步骤3：待污染除去后，用吸水纸擦净污液并用清水刷洗。必要时可用清水多次刷洗。大面积的地面清洗，待污染除去后，使用洗地机带清水刷洗，用吸水机及时将污水清理干净。必要时可用清水多次刷洗。

步骤4：对于油污类渗透性污染，或其他需要通过溶解吸附形式清除的污染，可将清洗剂和吸附粉剂搅拌均匀后涂抹在污染上；或将清洗剂涂敷在纸巾上，然后用带有清洗剂的湿纸巾贴敷污染；或直接将膏状清洗剂涂抹在污染上。

步骤5：污染清洗完成后，干燥地面，使用相关石材防护剂对石材进行防护处理，以防污染或病变再次发生。

3. 常见污染和病变清除方法

（1）油斑的清除

石材上常见的油污斑痕，通常是各种植物油、机油和其他油脂类物质渗透污染形成的。对于这类污染,一种方法是用碱性清洗剂或含有乳化剂的清洗剂配合刷子刷洗,另外一种方法是使用含有溶脂性成分的膏状除油剂,通过溶解吸附来清除。实践证明,前一种方法的清除效果不够彻底或不够理想,后一种方法的清除效果则相对彻底。

操作步骤如下:

步骤1:使用铲刀清除油斑面上吸附的积尘。

步骤2:使用铲刀将膏状除油剂(见图3-26)抹在油斑上并将其完全覆盖,涂抹的厚度为3～5 mm为宜,如图3-26所示。如果现场行人走动频繁,为避免踩踏,可在膏状除油剂上覆盖一层PVC薄膜,或选择夜间现场无人走动时进行清洗作业。

图3-26 具有吸附性的膏状除油剂

步骤3:等待3～4 h后,用铲刀或毛刷清理掉除油膏,让被清洁面完全变干,观察清除效果。如有必要,可再次涂抹除油膏。

步骤4:涂刷石材防污剂,防止污染再次发生。

步骤5:清理干净作业现场,妥善处置作业垃圾。

(2)油漆或涂料污染的清除

石材被油漆污染,通常会产生浅渗透性污物。清除这类污染的清洗剂,一般都含有溶解树脂的溶剂成分。但如果完全依赖溶剂溶解油漆,则清洁效果会不够彻底,因为溶剂在溶解油漆的同时会产生再渗透再污染现象。本章案例中的油漆清除剂是一款含有特殊成分的石材专用油漆清除剂,它能快速有效地清除石材上的油漆污染。

操作步骤如下：

步骤1：使用铲刀剥离、清除石材表面的油漆层。

步骤2：用刷子将适量石材除胶除漆剂涂抹在油漆污染面上，在污染面贴敷一层纸巾。

步骤3：约5 min后，清理纸巾，用尼龙刷带水刷洗作业面，再用吸水纸擦净污液。如有必要，可再次使用此清洗剂进行清洗。

步骤4：再次用清水刷洗作业面，及时使用吸水机等清理干净现场污液。

（3）花岗岩上锈斑的清除

石材上的锈斑表现为黄色或黄褐色斑痕，其形成的原因有两种。一种是石材内部的原因，这些石材所含有的铁质受潮氧化后会泛出石材表面形成锈斑。这种情形通常发生在花岗岩品种上，尤其以浅色花岗岩居多。另一种是石材受到外来锈迹的污染而留下锈斑，石材地面上的铁桶、沿建筑物外墙铁质广告架子上滴落的雨水等，都会在石材地面上留下锈斑。还有一种现象也要引起注意，这就是大理石的泛黄现象。大理石地面受潮后，会沿着裂缝处泛出与锈斑颜色相似的斑痕，事实上这是一种霉变现象，如果简单地认为是"锈"而采取除"锈"的办法进行处理，不仅不会将其清除，反而会破坏大理石的材质。

操作步骤如下：

步骤1：在锈斑周边的石材表面上洒几滴水，查看石材是否有湿润现象，以判断石材表面是否涂刷过防护剂。如果确认有防护层，则要先通过清洗或打磨的方式破坏防护层，以保证除锈剂能够浸润石材表面。

步骤2：用刷子将适量石材除锈剂涂抹在锈斑面上，然后在上面贴敷一层PVC薄膜。

步骤3：等待1 h后，观察作业面锈迹是否清除，如果没有清除，且除锈剂变干，则要继续补涂除锈剂。

步骤4：待锈斑被清除后，及时用吸水纸或毛巾等擦净除锈剂残液，然后洒水再次刷洗石材表面，直至除锈剂残液被清理干净（可用pH试纸验证）。

步骤5：在石材表面涂刷防护剂，以防锈斑再次发生。

注意事项：石材除锈剂有酸性和碱性两种，对于大理石表面的锈斑清除，建议使用碱性除锈剂。如果使用酸性除锈剂，则有破坏表面光泽和导致材质疏松的可能，一定要把酸性除锈剂适当稀释后再使用。

（4）黄斑的清除

大理石地面受潮后，会沿着裂缝处泛出一种黄色或黄褐色（也有蓝色或紫色）的不规则斑痕，这是一种霉变现象。使用专业的石材清洗剂，可快速有效地清除这些痕迹且不会破坏大理石的材质和光泽。

操作步骤如下：

步骤1：在黄斑周边石材表面上洒几滴水，查看石材是否有湿润的现象，以判断石材表面是否涂刷过防护剂。如果确认有防护层，则要先通过清洗或打磨的方式破坏防护层，以保证清洗剂能够浸润石材表面。

步骤2：用刷子将适量石材清洗剂涂抹在黄斑面上（见图3-27），然后在上面贴敷一层PVC薄膜。

步骤3：等待1h后，观察作业面黄斑是否被清除，如果没有被清除，且清洗剂变干，则要继续补涂清洗剂，如图3-28所示。

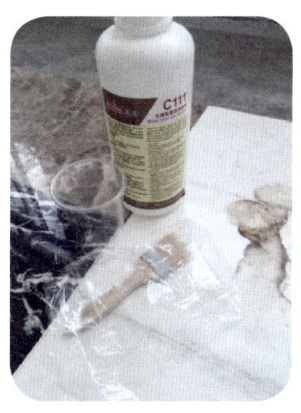

图3-27 涂抹石材清洗剂

图3-28 再次补涂清洗剂

步骤4：待黄斑被清除后，及时用吸水纸或毛巾等擦净清洗剂残液，然后洒水再次刷洗石材表面，最后用干的毛巾或拖布擦干大理石表面，如图3-29所示。

步骤5：在石材表面涂刷防护剂，防止黄斑再次发生。

注意事项：有些具有类似功能的清洗剂含有氧化剂成分，在高温情况下带有这种清洗剂的纸巾或毛巾等会发生自燃现象。为防止这类事故的发生，要将这些纸巾或毛巾等过水后再进行处理或放置。

（5）花岗岩地面混合污迹的清洗

为了达到防滑的目的，室外广场大多铺设火烧面花岗岩，且以浅色板材居多。这些花岗岩表面的污染既有锈斑和泛碱等病变现象，又有油渍等生活污染和水泥残留物等。这些污染会影响广场石材的装饰效果和环境，所以要定期对这些广场石材进行清洗，以保持石材的自然色彩。

图3-29 过水擦洗干净

操作步骤如下：

步骤1：隔离作业区，放置警示牌。

步骤2：使用石材除油剂、石材除锈剂等专业清洗剂清除石材上的局部和特殊污染。

步骤3：用带有水桶的手扶式圆盘抛光机配置尼龙合金研磨刷。

步骤4：将花岗岩清洗剂以1∶15～1∶5的比例用水稀释后倒入抛光机水桶。

步骤5：启动抛光机，对石材进行刷洗，用吸水机将污液及时清理吸净，再用清水冲刷一遍地面。

▶ 二、石材地面的防护技能

1. 作业准备

（1）基础工作

1）查看现场，明确所要防护石材的种类及特点。通过经验和方法鉴别、咨询业主及查阅有关技术文件或档案进行确认。

2）查看现场，确认石材之前是否做过防护处理、使用防护剂的种类及现有防护效果保持的程度，同时弄清地面石材的干燥程度或是否有变得更加潮湿的可能。

3）查看现场，确认石材地面的清洁状况、被污染石材的污染源或污染物和污染程度。污染源和污染物凭经验、询问现场当事人和相关测试确定。如果是新铺装完工的地面，则要弄清周边工作、商业或生活特点，预判石材可能受到的污染及其程度。

4）查看现场，确认石材是否有病变现象，若有则要确定石材病变的类别、成因和程度。要分析和了解现场环境中可能导致石材发生病变的因素和隐患有哪些。

5）现场测试。通过对石材受到的污染或病变类别及成因等进行分析和判断，形成污染或病变类别和治理方法的初步结论。根据这个初步结论，选用一种或多种清洗材料，形成一种或多种清洗方案，再进行进一步的测试和验证。根据测试结果，依据有效性、可操作性以及环保和安全性等因素选择最佳治理方案。

6）根据石材的种类、石材原有防护程度和效果、环境特点和防护要求，选用一种或多种石材防护剂进行涂刷并比较效果。根据测试结果，依据有效性、可操作性以及环保和安全性等因素选择最佳方案。

7）制定项目建议书。通过对现场的查看和相关测试，形成科学有效的有关石材防护处理的方法或方案，向业主或物业管理方提交一份项目建议书。项目建议书由以下内容组成：石材地面的现状，现有地面防护效果，产生污染或发生病变的原因，清除污染和治理病变的方法和效果，建议防护材料的品牌、性能和特点，作业程序，作业期间有可能对周边工作或生活环境产生的影响，费用预算，工期预估等。

8）制定防护作业指导书。制定一份科学合理的石材防护作业指导书是项目作业安全、有效和按期顺利进行的必要保证。防护作业指导书应包含项目概况、岗前培训、技术和质量要求、材料和设备明细、工艺指导和要点、现场保护措施、安全管理和防护措施、材料和设备管理措施、工期和进度要求等。

（2）工具、设备和材料的准备

1）根据作业要求，备好清洗污染用的毛刷、盛料桶、吸水纸、毛巾、PVC薄膜和刷子、铲刀等辅助材料和工具。根据作业要求，备好防护作业用的毛刷、喷雾器、盛料桶（金属等对溶剂不敏感材质）、毛巾、PVC薄膜等辅助材料和工具。

2）用于室内地面防护处理的石材防护剂防水性不低于80%，耐酸性和耐碱性不低于70%，其他技术指标要满足国家标准《天然石材防护剂》（GB/T 32837）中的基本要求。基于防污要求的石材防护剂，其防水性不低于80%，耐酸性和耐碱性不低于70%，如图3-30所示，耐污性要达到A级，其他技术指标要满足国家标准《天然石材防护剂》（GB/T 32837）中的基本要求。

防护剂产品包装上要在明显位置有明确的产品名称、产品性能、使用方法、化学特性、安全警示和厂家联系方法等信息。

防护材料和清洗材料供应商要提供相关产品的安全信息（MSDS）和有效的石材防护剂检测报告、合格证。进口石材防护剂要提供有效的关于产品性能、主要成分和符合我国标准的中文技术文件以及进口报关文件。

图3-30 防护剂耐碱性能差，降低了防护的持久性

防护和清洗材料现场储存和管理要符合相关规范和要求。

防护作业现场保护材料、灭火器材和警示器具要齐备。

（3）作业现场准备

1）对进场的石材防护剂品牌和型号进行核实和质量抽检。

2）划分和隔离现场作业区域和材料设备摆放区域，摆放警示牌。

3）对作业现场中的绿植、家具和其他设施进行适当保护，作业人员穿戴有效的防护装备。

4）检查设备供电和运转是否正常。

5）开启现场通风装置或打开门窗通风。

2. 操作步骤

步骤1：让石材地面足够干燥或相对干燥。如果地面潮湿或有水源，要先进行处置。

步骤2：清除石材表面上的粉尘等污垢。

步骤3：清除石材上的各种污染，治理石材发生的各种病变。

步骤4：对石材上的裂损和孔洞等缺陷进行修补处理。

步骤5：将适量石材防护剂倒入盛料桶内，使用毛刷将防护剂均匀地在石材表面涂刷一遍（水剂型防护剂用十字交叉涂刷法）。涂刷可采用多种形式和工具，如涂料滚筒滚涂、喷雾器喷涂或先喷后涂等。

步骤6：常温下约30 min后，再以与之前涂刷方向垂直的方向均匀涂刷第二遍。

步骤7：常温下约1 h后，查看石材表面，用毛巾擦净石材表面多余的防护剂。

步骤8：经防护处理的石材地面48 h内禁止被水弄湿。

步骤9：整改验收与现场整理。

注意事项：水剂型石材防护剂施工环境最佳温度为15～25 ℃，溶剂型石材防护剂施工环境最佳温度为10～25 ℃。石材防护处理后的养护时间，环境温度低于15 ℃时要多于5天，环境温度高于15 ℃时要多于3天。

3. 常见石材防护处理

（1）木纹石餐厅地面开业前的防护处理

常见的法国木纹石和贵州木纹石具有古朴的自然特征，也成为餐厅等休闲环境地面的常用品种。但这类石材有材质疏松、吸水率高、硬度低的缺点，所以容易受到液体污物的污染，产生的渗透性污斑也难以清除。涂刷氟硅类溶剂型石材防污剂是防止这类石材受到液体污染的有效方法，而且使地面的日常清洁更容易，石材的装饰效果得以长久保持。本章案例推荐使用溶剂型氟硅石材防污剂，其防水性不低于85%，耐酸性和耐碱性不低于85%，防污性0级。

操作步骤如下：

步骤1：对作业现场中的绿植、家具和其他设施进行适当保护，作业人员穿戴有效的防护装备。

步骤2：使用专业清洗剂清除石材上的污染和病变，清理干净地面上的粉尘。必要时使用刷地机刷洗地面，及时清理污水。

步骤3：保持现场通风良好，使地面干燥或相对干燥。

步骤4：将石材防污剂倒入盛料桶内，用涂料滚筒将防护剂均匀地在石材表面涂刷一遍。

步骤5：常温下约40 min后再以与之前涂刷方向垂直的方向均匀涂刷第二遍。

步骤6：常温下约1 h后，查看石材表面，用毛巾擦净石材表面多余的防护剂。

步骤7：经防护处理的石材地面48 h内禁止被水弄湿。

（2）黑色花岗石火烧面地面的防护处理

为了增强防滑效果，会将黑色花岗石表面做粗糙处理（火烧或喷砂）。但其被处理成粗糙面后呈浅灰色，通常防护要求一方面要增强粗糙表面的防污能力，另一方面还要显现黑色的装饰效果。为达到这一目的，通常将两种防护剂搭配使用，效果会更好。先用具有渗透和防水功能的溶剂型防护剂做基础防护处理，再涂刷树脂型封盖剂做表层封盖和增色处理。封盖剂具有隔离污染物渗入粗糙表面和增加石材色彩的效果。

操作步骤如下：

步骤1：对作业现场中的绿植、家具和其他设施进行适当保护，作业人员穿戴有效的防护装备。

步骤2：用专业清洗剂清除石材上的污染和病变，清理干净地面上的粉尘。

步骤3：用手扶式研磨抛光机配尼龙合金研磨刷带水刷洗地面，使用吸水机及时将污水清理干净。

步骤4：保持现场通风良好，使地面干燥或相对干燥。

步骤5：将石材渗透防护剂（有机硅溶剂型）倒入盛料桶内，用涂料滚筒将防护剂均匀地在石材表面涂刷一遍。

步骤6：常温下约30 min后再以与之前涂刷方向垂直的方向均匀涂刷第二遍。

步骤7：至少间隔6 h，将粗面石材封盖剂用涂料滚筒在石材表面均匀涂刷一遍，如图3-31所示。

图3-31 增加粗面石材封盖性和色彩效果的防护处理

步骤8：待第一遍粗面石材封盖剂表干（不粘手）后，再以与之前涂刷方向垂直的方向均匀涂刷第二遍。

步骤9：经防护处理的石材地面48 h内禁止被水弄湿。

（3）山东白麻花岗石地面做整体研磨时的防护处理

对地面石材进行整体研磨或翻新时，对石材进行有效的防护处理是必要的，它既能防止石材出现水斑和锈黄等病变，也更有利于抛光效果的提升。石材防护剂的选择以保证石材研磨的效果为目的，防护剂的技术指标要关注防水性、耐碱性、耐酸性和渗透性。本章案例推荐使用溶剂型有机硅石材渗透防护剂，其防水性不小于85%，耐酸性和耐碱性不小于80%，在山东白麻花岗石上测试渗透性不小于3 mm；溶剂型氟硅石材防污剂防水性不小于85%，耐酸性和耐碱性不小于85%，在山东白麻花岗石上测试渗透性不小于3 mm。

方案一（地面有防污要求）操作步骤如下：

步骤1：对作业现场中的绿植、家具和其他设施进行适当保护，作业人员穿戴有效的防护装备。

步骤2：清除石材上的污染和病变，清理干净板面上的垃圾和粉尘。

步骤3：观察现场，对地面花岗石原有防护效果进行研判，以制定合理的防护工艺。本方案中石材安装时涂刷过水性石材防护剂。

步骤4：使用切缝机配0.3 mm切片拉切拼缝，以清理拼缝中的水泥浆残留。用吸尘器吸净板面上的粉尘。

步骤5：将石材渗透防护剂倒入盛料桶内，用涂料滚筒将防护剂均匀地在石材表面涂刷一遍。

步骤6：经防护处理的地面常温下自然养护2~3天，期间避免板面被水弄湿。

步骤7：使用与石材颜色接近的云石胶嵌缝补胶，胶体固化后开始研磨程序。

步骤8：对白色花岗石地面逐号研磨和抛光。

步骤9：清理已抛光完成的花岗石地面，对地面上的污染和病变进行再处理。

步骤10：将石材防污剂倒入盛料桶内，用涂料滚筒将防护剂均匀地在石材表面涂刷一遍。

步骤11：常温下约1 h后，查看石材表面，用毛巾擦净石材表面上多余的防护剂。

步骤12：经防护处理的石材地面48 h内禁止被水弄湿。

方案二（地面有防水要求）操作步骤如下：

步骤1：对作业现场中的绿植、家具和其他设施进行适当保护，作业人员穿戴有效的防护装备。

步骤2：使用研磨机配合粗干磨片对地面进行研磨，全地面完整粗磨第一遍。

步骤3：清理干净板面上的粉尘。

步骤4：检查板面上是否有锈斑和其他渗透性污染，并使用清洗剂进行清除。

步骤5：使用切缝机配0.3 mm切片拉切拼缝，以清理拼缝中的水泥浆残留。用吸尘器吸净板面上的粉尘。

步骤6：将石材渗透防护剂倒入盛料桶内，用涂料滚筒将防护剂均匀地在石材表面涂刷一遍。

步骤7：经防护处理的地面常温下自然养护2～3天，期间避免板面被水弄湿。

步骤8：使用与石材颜色接近的云石胶嵌缝补胶，胶体固化后开始后续研磨程序。

步骤9：对白色花岗石地面继续逐号研磨和抛光。

步骤10：清理已抛光完成的花岗石地面。

步骤11：将石材渗透防护剂倒入盛料桶内，用涂料滚筒将防护剂均匀地在石材表面涂刷一遍。

步骤12：常温下约1 h后，查看石材表面，用毛巾擦净石材表面多余的防护剂。

步骤13：经防护处理的石材地面48 h内禁止被水弄湿。

第4节 石材地面研磨抛光和日常维护保养

一、石材地面研磨抛光技能

1. 作业前的基础工作

（1）查看现场，确定要研磨地面石材的种类及特点。通过经验和方法鉴别、咨询业主及查阅有关技术文件或档案进行确认。

（2）查看现场，确认石材地面的光泽度、平整度，石材表面被磨损的程度、石材的破损和缺陷程度以及石材是否有空鼓现象。

（3）查看现场，了解和确认地面石材之前是否做过防护处理、防护剂的种类及现有防护效果。同时弄清地面石材的干燥程度或是否有变得更加潮湿的可能。

（4）查看现场，确认石材地面的清洁状况、被污染石材的污染源或污染物和污染程度。如果是新铺装完工的地面，则要弄清周边工作、商业或生活特点，预判石材可能受到的污染及其程度。

（5）查看现场，确认石材是否有病变现象，确定石材病变的类别、成因和程度。分析和了解现场环境中可导致石材发生病变的因素和隐患。

（6）如有可能，根据石材的种类和地面基本状况，现场研磨打样，并试验拟用抛光材料的效果和效率。

（7）通过对现场的查看和相关测试，形成科学有效的有关石材地面研磨抛光处理的方法或方案，向业主或物业管理方提交一份项目建议书。项目建议书由以下内容组成：石材的种类和特点，石材地面的被磨损程度、光泽度、平整度和破损等现状，现有地面防护效果，产生污染或发生病变的原因，清除污染和治理病变的方法和效果，其他问题和隐患，建议使用的研磨和抛光设备，建议使用的研磨抛光材料，建议使用的防护材料品牌、性能和特点，作业程序，作业期间有可能对周边工作或生活环境产生的影响，后期的维保建议，费用预算，工期预估等。

（8）制定一份科学合理的石材地面研磨抛光作业指导书是项目作业安全、有效和按期顺利进行的必要保证。研磨抛光作业指导书应包含项目概况、岗前培训、技术和质量要求、材料和设备明细、工艺指导和要点、现场保护措施、安全防护和管理措施、材料和设备管理措施、工期和进度要求以及整改和验收方法等。

（9）制定作来项目签收单。

2. 技术要求

（1）一般要求

1）对石材地面进行整体研磨通常是基于平整度上的要求，或者是基于恢复和提高石材表面光泽效果上的要求，或者是基于平整度和光泽效果上的要求。

2）根据石材地面现有基本状况和处理后的效果要求，确定适当的研磨程序和工艺。

3）石材地面整体研磨作业是一个系统工程，也是一项综合石材护理技术。它解决的问题包括石材的缺陷和破损、石材的污染和病变、石材的防护处理以及影响石材装饰效果的隐患等。

4）石材地面整体研磨技术不仅适用于花岗石和大理石地面，也适用于石英石和岗石等人造石地面、水磨石地面和陶瓷抛光砖地面。要根据具体的铺装基材选择与其相适应的研磨和抛光材料。

5）石材地面整体研磨的技术要求和效果以及检测方法，若能够量化和约定的，要形成有效的技术文件。研磨后石材地面的平整度、光泽度、防滑性都可以测定和量化。石材被研磨抛光后的光泽效果，不仅与所使用的设备、材料和操作技巧有关，也受石材的材质和地面湿度等基本条件的影响。

（2）材料准备

1）对基于平整性要求的石材地面进行整体研磨时，研磨片的磨料号段依次为 30#、50#、150#、300#、500#、1000#。粗磨程序可采用树脂硬磨片，也可采用树脂软磨片，但金属基体的粗磨片要慎用。细磨程序（优化阶段）可采用树脂软磨片，也可采用高光研磨片。精磨程序可采用树脂软磨片。

2）对基于平整性和光泽效果要求的石材地面进行整体研磨时，研磨片的磨料号段依次为 30#、50#、150#、300#、500#、1000#、2000#、3000#。粗磨程序可采用树脂硬磨片，也可采用树脂软磨片，但金属基体的粗磨片要慎用。细磨程序（优化阶段）可采用树脂软磨片，也可采用高光研磨片。精磨程序可采用树脂软磨片，也可采用高光研磨片。

3）对基于光泽效果要求的石材地面进行整体研磨（翻新）时，研磨片的磨料号段依次为 150#、300#、500#、1000#、2000#、3000#。粗磨程序可采用树脂硬磨片，也可采用树脂软磨片。细磨程序可采用树脂软磨片，也可采用高光研磨片。精磨程序可采用树脂软磨片，也可采用高光研磨片。

4）抛光过程用的抛光剂要根据石材的材质特点和效果要求进行选择。

花岗岩地面是将一种花岗岩抛光剂或几种抛光剂搭配使用；大理石地面使用大理石抛光粉或大理石结晶剂抛光，或将抛光粉与结晶剂搭配使用，也可采用高光磨片直接抛光，如图 3-32 所示。

人造石英石地面采用适宜材质特点的专业抛光剂，也可尝试用花岗岩抛光剂或大理石抛光剂。水磨石地面的抛光，可使用专业抛光剂，也可使用大理石抛光剂。陶瓷抛光砖的抛光，可使用专业抛光剂，也可使用花岗石抛光剂。

a) b)

图 3-32 高光磨片研磨效果

a）采用高光磨片可以获得更高的光感检测数值 b）高光磨片研磨产生镜面感

5）对材质疏松的石材，先使用石材增硬剂改善石材的硬度和密度，有助于抛光效果的提升。

6）抛光剂对环境的友善性要求基于标准《室内装饰装修材料内墙涂料中有害物质限量》（GB 18582），抛光效果的防滑性要求基于标准《地面石材防滑性能等级划分及试验方法》（JC/T 1050）。

7）抛光剂产品包装上要有明显和明确的产品名称、产品性能、使用方法、化学特性、安全警示和厂家联系方法等信息。材料供应商要提供相关产品的安全信息（MSDS）和其他有效的技术文件。进口抛光剂要提供有效的关于产品性能、主要成分和符合我国标准的中文技术文件以及进口报关文件。

8）石材防护剂防水性要不小于 80%，耐酸性和耐碱性要不小于 70%，其他技术指标要满足标准《天然石材防护剂》（GB/T 32837）中的基本要求。基于防污要求的石材防护剂，防水性要不小于 80%，耐酸性和耐碱性要不小于 70%，耐污性要达到 A 级，其他技术指标要满足标准《天然石材防护剂》（GB/T 32837）中的基本要求。

防护剂产品包装上要在明显位置有明确的产品名称、产品性能、使用方法、化学特性、安全警示和厂家联系方法等信息。

清洗材料的包装上要在明显位置有明确的产品名称、产品性能、使用方法、化学特性、安全警示和厂家联系方法等信息。

防护材料和清洗材料供应商要提供相关产品的安全信息（MSDS）和有效的石材防护剂检测报告、合格证。进口石材防护剂要提供有效的关于产品性能、主要成分和符合我国标准的中文技术文件以及进口报关文件。

9）石材修补胶的技术要求基于标准《饰面石材用胶粘剂》（GB 24264），石材填缝胶的技术要求基于标准《非结构承载用石材胶粘剂》（JC/T 989）。

10）抛光纤维垫要满足抛光时不能脱色的要求。抛光用钢丝棉的粗细要适当，匝卷中不能有断头和过多的碎屑。

11）其他辅助材料包括切缝片、刀片、PVC 保护膜和静电尘推油等。

（3）设备和工具要求

1）推式多头研磨机。根据要求，可选 6 头、9 头和 12 头的推式多头研磨机。电源 380 V，功率 ≥ 5 hp（1 hp=0.745 kW），机器质量 ≥ 200 kg，有效转速 ≥ 450 r/min。

2）手扶式单盘机。用于石材抛光和结晶面机的抛光机质量应在 65 kg 以上，转速应在 300 r/min 以下、175 r/min 以上，运转要平稳，扭力要大。

3）角磨机和调速抛光机。角磨机和调速抛光机为手持式，用于石材的局部打磨、抛光和修补。

4）修边机。修边机用于石材地面周边大型研磨机研磨不到位置的研磨。

5）吸尘吸水机。吸尘吸水机的功率为 1 000 ~ 1 200 W、转速 1 500 r/min、容量 50 ~ 70 L。

6）其他辅助设备。其他辅助设备包括手持式调速抛光机、角磨机、水磨机、切缝机、吹风机等。

7）常用维修工具。常用维修工具包括套装、水桶、喷壶、刷子、超细纤维毛巾、尘推、推水器、玻璃刮和电源电缆等。

8）配电装置。配电装置包括移动式配电盘、测电笔和万能表等。

3. 作业流程

看现场定方案——打样确认——材料和设备——方案细分——材料存放——现场保护——清洗和修补——切缝——防护处理——补胶——粗磨整平——细磨、精磨——检查和修补——抛光和防护——验收。

操作步骤如下：

步骤 1：查看现场，制定相关技术方案。

步骤 2：现场测试和确认。

步骤 3：制定详细的材料和设备清单，以及分类施工方案。

步骤 4：进场，设备和材料按规范要求存放和管理。

步骤 5：划分作业区间，进行设施和成品保护。

步骤 6：对石材孔洞、缝隙进行修补和清洗等基础处理。

步骤 7：切缝、先行防护处理再补胶，或先行干磨、防护处理再切缝补胶。

步骤 8：水磨，粗磨整平、细磨和精磨。

步骤 9：基于研磨效果的检查和修补。

步骤 10：清理石材表面，通风干燥。

步骤 11：抛光，防护处理。

步骤 12：验收和签字确认。

4. 注意事项

（1）石材地面混凝土基层相对干燥、无透水或渗水隐患，是保证得到理想光泽效果的基本条件。

（2）新铺装的石材地面，常温下进场研磨的时机在铺装 3 周后，期间地面应通风晾置。

（3）整体研磨前要对石材空鼓、裂损和缺陷进行修补。

（4）石材上的病变和污染要在整体研磨前或期间进行清洗和治理。

（5）石材防护处理的效果要显著降低其吸水率和提高其抗污染性能。

（6）石材拼缝胶体颜色要与板材颜色相近，不能出现黑缝、胶体软、塌陷、漏补和开缝等现象，如图3-33所示。

（7）300#磨片研磨后石材表面上不能留有明显的磨料痕迹。

（8）周边15 cm左右死角区域不能有明显的漏磨痕迹。

（9）整体研磨后的地面光泽效果、平整度及其检测方法要按照合同中约定条款或参照有关国家和行业标准进行，如图3-34所示。

图3-33 填胶补缝

图3-34 查看研磨效果

（10）整体研磨后的地面石材上不能看到明显的污染和泛碱、水斑等病变现象。表面光泽要均匀，不能有明显的波浪感。

（11）整体研磨后地面的防滑性要满足标准《地面石材防滑性能等级划分及试验方法》（JC/T 1050）。

二、石材地面的日常维护保养技能

1. 材料准备

（1）强力刮沙除尘地垫、强力刮沙除尘吸水地垫、强力吸水吸油地垫。

（2）尘推、静电吸尘液、中性清洗剂。

2. 设备和工具要求

（1）吸尘吸水机

吸尘吸水机功率为 1 000 ~ 1 200 W、转速 1 500 r/min、容量 50 ~ 70 L。

（2）工具

工具包括铲刀、喷壶、毛刷、毛巾、尘推杆、尘推支架、尘推套、扫帚、簸箕、玻璃刮、水桶、水勺、电线。

3. 日常维护保养流程

地面检查——制定保养方案——进行作业——质量检验。

4. 作业前的地面环境条件

（1）地面检查内容

1）所需处理石材的品种、理化性能、材质状况等。

2）石材所处环境、人流量、磨损情况。

3）石材病变情况（如泛碱、水斑、色斑等），如有病变应先给予解决。

（2）制定施工方案和作业指导书

应根据石材的特性（包括品种、理化性能、材质状况等）制定施工方案和作业指导书，如使用的材料、具体的防护措施、日常清洁方法、清洁的周期等。

（3）具体要求

1）日常地面防控。千人流量的区域要做到不少于三级的地面防控系统。

2）防控区域。大门前客流集中地、大堂内和门前客流集中地、室内的卫生间和厨房出菜口及电梯前。

（4）防控地垫的选择

1）室外。千人流量的情况下，选择强力刮沙除尘（开放式）尼龙地垫。

2）室内。选择强力刮沙除尘吸水尼龙地垫。

3）雨雪天专用地垫。选择强力吸水吸油地垫。

4）厨房专用耐油橡胶防滑地垫，出菜口处专用强力吸水吸油地垫。

5）卫生间门前强力吸水吸油地垫或除尘吸水尼龙地垫。

5. 作业流程

操作步骤如下：

步骤 1：将静电除尘剂均匀喷洒在尘推上，密封 8 h 以后使用。

步骤 2：沿直线推尘，先从一侧开始，尘推不可离地，不可来回拖曳。推尘时，尘推罩每行要重叠 1/4，以防漏推。

步骤 3：作业过程中视情况，及时清洗尘推，保持尘推的洁净度。

步骤 4：视人流量确定地面清洁频率，一般 15 min 一次。

6. 注意事项

（1）不可接触尖锐物品。

（2）不可随意上蜡。

（3）不可使用强酸强碱清洁剂。

（4）不可长期覆盖地毯、杂物。

（5）要保持彻底清洁。

（6）要立即清除污染。

（7）要经常保持通风干燥。

（8）要定期做防护处理。1 年做 2 次以上防护处理。

7. 检查方法

均采用视觉识别方法，对所看到的石材表面状况进行判定。

第5节 石材地面的再抛光保养技能

一、石材地面再抛光保养作业前的基础工作

无论是大理石地面还是质地坚硬的花岗石地面，在日常使用中其表面光泽都会出现因磨损而下降的情况，从而降低了石材的装饰效果。对大理石、花岗石和人造石地面定期进行再抛光处理（或称翻新），是石材维护保养工作的一部分，是提高或维持地面石材表面光泽效果的有效方法。

1. 查看现场，确定要处理地面石材的种类及特点。
2. 查看现场，了解作业现场行人流量对地面石材光泽破坏的程度。
3. 查看现场，确认石材地面没有蜡质或其他树脂涂层。
4. 查看现场，确认石材地面的清洁状况、被污染石材的污染源或污染物和污染程度。
5. 查看现场，确认石材地面是否有泛碱等病变。弄清地面石材的干燥程度或是否有变得更加潮湿的可能。
6. 如果条件允许，可根据石材的种类和地面基本状况，现场抛光打样，并试验拟用抛光材料的效果和效率。
7. 制定项目建议书。通过对现场的查看和相关测试，形成科学有效的有关石材地面再抛光保养处理的方法或方案，向业主或物业管理方提交一份项目建议书。

项目建议书由以下内容组成：石材的种类和特点，石材地面的被磨损程度、光泽度、破损等现状，清除污染和治理病变的方法和效果，其他问题和隐患，建议使用的再抛光保养材料的品牌、性能和特点，作业程序，作业期间有可能对周边工作或生活环境造成的影响，各区域保养频率的设计，后期的维保建议，费用预算，工期预估等。

8．制定再抛光保养作业指导书。制定一份科学合理的石材地面再抛光保养作业指导书是项目作业安全、有效和按期顺利进行的必要保证。再抛光作业指导书应包含项目概况、岗前培训、技术和质量要求、材料和设备明细、工艺指导和控制要点、现场保护措施、安全防护和管理措施、材料和设备管理措施、工期和进度要求以及整改和验收方法等。驻场保养的项目还要拟定一份各区域保养频率明细表，并在运行几个周期后根据效果进行修订。

9．制定作业项目签收单。作业项目签收单用于石材养护施工方与石材所有方互相确认工作内容，是工作完成的凭证。一般需要标明作业起止时间、验收项目细则、检查效果、验收方意见等。

二、石材地面再抛光保养的技术要求

1．一般要求

（1）对石材地面进行再抛光处理（或称再结晶处理）通常是基于提高石材表面光泽效果上的要求，或者是基于恢复和维持石材表面光泽效果上的要求。

（2）大理石结晶剂既是一种化学抛光剂，又是一种光泽日常保养剂。相对于抛光粉等其他大理石抛光材料来说，大理石结晶剂用于大理石地面的再抛光，具有方便快捷、效果明显的特点，如图3-35所示。使用大理石结晶剂对大理石地面进行再结晶处理，既是一种抛光形式，又是一种维持光泽效果的保养方法。

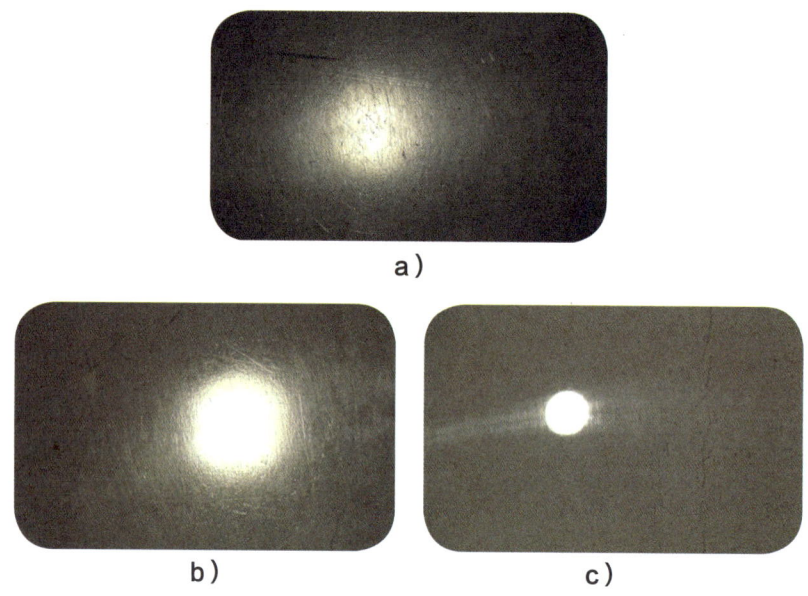

图3-35 大理石再结晶处理效果对照图

a）重磨损大理石地面　b）第一遍再结晶处理　c）第二遍再结晶处理

（3）石材地面的再抛光效果，除了抛光材料本身的因素外，还与石材的材质、石材表面的基础光泽和基础湿度有关。

（4）在驻场保养的石材再抛光项目中，对磨损频率高、光泽低区域内的石材要根据光泽损坏的程度定期进行浅翻新，以维持基础光泽，保证石材表面光泽效果长期维持在一个理想水平。

（5）抛光材料的选择要符合石材材质的特点，既要满足光泽和效果持久性要求，又要兼顾防滑性和环保性。

（6）如果再抛光区域内石材材质包含花岗岩、人造石和大理石，通常的做法是抛光材料要先满足提高花岗岩表面光泽的要求，如图3-36所示。

（7）石材地面再抛光的技术要求和效果以及检测方法，若能够进行量化和约定的，要形成有效的技术文件。再抛光后石材地面的光泽度、防滑性都可以测定和量化。

（8）光泽较低的石材表面可多次抛光。石材地面再抛光的光泽效果，还与抛光设备、辅料和操作技巧有关。

（9）钢丝棉的缠绕要平整，缠绕方向要与机器柱运转方向一致。

图 3-36 多种材质抛光效果

2. 材料要求

（1）再抛光过程所用的抛光剂或抛光粉要根据石材的材质特点和效果要求选择。

1）花岗岩地面的抛光和日常光泽保养选用一种花岗岩抛光剂或几种抛光剂搭配使用。

2）大理石地面的抛光和日常光泽保养使用大理石抛光粉或大理石结晶剂，或者抛光粉与结晶剂搭配使用。

3）人造石地面的抛光和日常光泽保养使用专业抛光剂，也可尝试采用花岗岩抛光剂或大理石抛光剂。

4）水磨石地面的抛光和日常光泽保养，可选用专业抛光剂，也可用大理石结晶剂。陶瓷抛光砖地面的抛光和日常光泽保养，可选用专业抛光剂，也可用花岗岩抛光剂。

（2）再抛光材料的选择要按石材材质的特点，既要满足光泽和效果持久性要求，又要兼顾防滑性和环保性。

（3）再抛光材料的环保性要求基于国家标准《建筑用墙面涂料中有害物质限量》（GB 18582），再抛光材料的防滑性要基于建材行业标准《地面石材防滑性能等级划分及试验方法》（JC/T 1050）。

（4）再抛光材料产品包装上要在明显位置有明确的产品名称、产品性能、使用方法、化学特性、安全警示和厂家联系方式等信息。材料供应商要提供相关产品的安全信息（MSDS）和其他有效的技术文件。进口抛光剂要提供有效的关于产品性能、主要成分和符合我国标准的中文技术文件以及进口报关文件。

（5）再抛光纤维垫要满足抛光时不能脱色的要求。抛光用钢丝棉的粗细要适当，匝卷中不能有断头和过多的碎屑。

3. 设备和工具要求

（1）单刷机

用于石材抛光的单刷机质量应在 50 kg 以上，转速应在 300 r/min 以下，运转要平稳，扭力要大。

（2）手持式调速抛光机

手持式调速抛光机用于对周边死角的抛光修补。

（3）尘推

尘推用于清理抛光时地面上出现的粉尘。

（4）工具

工具包括常用维修工具套装、喷壶、毛巾和电源电缆等。

（5）配电装置

配电装置有移动式配电盘、测电笔和万能表等。

4. 作业基本要求

（1）每次作业前要查看现场，制定相关技术方案。

（2）作业前要经过现场测试和确认。

（3）针对作业现场考察制定详细的材料、辅料和设备清单。

（4）针对现场制定详细的分类施工方案。

（5）针对石材地面环境特点制定分区保养周期或频率。

（6）进场后首先进行现场石材地面和周边设施的作业前保护工作。

（7）抛光前用尘推推净石材表面上的粉尘。

（8）再抛光作业。抛光剂用量适当，抛光机平稳摆动运行。

（9）作业后清理作业现场。

（10）请质检人员验收并在工作记录上签字确认。

5. 技术要求

（1）浅色花岗石和人造石地面首次再抛光处理，要使用白色纤维垫进行磨抛。

（2）再抛光后的石材地面应清新明亮，对细小磨损划痕修复效果明显。

（3）常见石材品种的再抛光光泽度要不小于 75 GU，或满足约定要求。

（4）再抛光后的地面光泽效果检测方法，按照合同中约定的条款或参照有关国家和行业标准进行。

（5）石材表面不能有明显的抛光剂残留和被抛光剂灼伤的痕迹。

（6）地面抛光周边死角区域不能有明显的抛光痕迹。

（7）再抛光后地面的防滑性要满足标准《地面石材防滑性能等级划分及试验方法》（JC/T 1050）。

第6节 石材地面的再结晶保养技能

石材地面再结晶保养作业可以看作是再抛光保养作业的延续，因为在抛光保养作业中使用了再结晶材料，所以再结晶保养也可以看作石材翻新的一种方式。

一、石材地面再结晶保养作业前的基础工作

石材地面再结晶保养作业与再抛光保养作业在流程上基本相同，可以参考再抛光保养作业的内容进行学习。

二、石材地面再结晶保养作业的技术要求

1. 一般要求

（1）再结晶硬化处理工艺适用于坚固性差的石材，可有效改善石材表面的耐磨性，提高硬度、光泽度、防滑能力，有效保护石材。

（2）在完成再结晶硬化处理工艺前通常需要采用整体研磨和防护等工艺进行处理，对发生病变的部位还需要进行清洗处理。

（3）再结晶硬化处理工艺适用于大理石、花岗石、砂岩、石灰石、板岩、可抛光人造石、水磨石等地面石材。

2. 材料要求

（1）石材结晶材料（泛指剂、粉、块、浆、膏等）

石材结晶材料应符合下列规定。

1）根据设计要求针对石材的材质合理选择相应的结晶材料。

2）结晶材料不得用抛光粉和抛光剂等代替。

3）石材结晶材料应按照产品说明书正确使用。

4）石材结晶材料应有合格证、生产日期及使用说明书。

5）进口产品应有中文说明，包括产地、生产商、生产日期、使用说明、国内代理厂商等内容。

6）所选用的石材结晶材料中的有害物质含量，应满足国家标准《民用建筑工程室内环境污染控制标准》（GB 50325）的规定。

（2）钢丝棉

钢丝棉分为 $0^\#$、$1^\#$ 普通钢丝棉和 $1^\#$ 不锈钢钢丝棉等，钢丝棉不可有杂丝、杂质、生锈和发黑等现象。

（3）打磨垫

打磨垫有马毛垫、白垫、红垫，其硬度应适合，不可掉色。

（4）其他耗材

其他耗材包括刀片、碳刷、美纹纸、胶带、绝缘胶带、云石胶、固化剂、开缝片、成品、保护膜、面蜡、静电尘推油、不锈钢光亮剂。

3. 设备和工具要求

（1）单刷机

单刷机质量应在 65 kg 以上，转速应在 300 r/min 以下，动平衡要好，扭矩要大。

（2）吸尘吸水机

吸尘吸水机功率 1 000 ~ 1 200 W、转速 1 500 r/min、容量 50 ~ 70 L。

（3）工具

工具包括旋具（一字、十字）、铲刀、空瓶子（废饮料瓶）、喷壶、毛刷、毛巾、尘推杆、尘推支架、尘推套、扫帚、簸箕、玻璃刮、水桶、床单、电线。

（4）配电设备

配电设备包括内六角扳手、活动扳手、闭口扳手、开口扳手、开缝机扳手、老虎钳、测电笔、万用表。

4. 作业流程

地面检查——样板制作——制定施工方案——成品保护——清洁工作面——再结晶硬化处理——清场整理——质量检验。

5. 技术要求

（1）施工前检查

施工前应进行下列检查，如有问题应以书面形式提交客户签字确认。

1）所需处理石材的品种、理化性能、材质状况等。

2）石材所处环境。

3）石材孔洞、裂纹（明裂、暗裂）、划痕、修补情况。

4）石材破损、缺角等情况。

5）石材病变情况（如泛碱、水斑、色斑等），如有病变应先给予解决。

6）石材缝隙黑缝，胶体变色、塌陷、脱落等情况。

7）经过整体研磨的石材要达到整体研磨验收的标准。

8）未进行整体研磨的石材，或经过整体研磨后，一段时间内没有进行正常的日常保养维护的石材，必须无划伤、无破损、无风化，且表面光泽度不小于 50 GU（光泽度单位，gloss unit，GU）。

9）达不到研磨标准的或未进行研磨处理的地面，需要进行研磨处理。

（2）应根据石材的品种、理化性能、材质状况等制作样板。

（3）应根据石材的品种、理化性能、材质状况、现场情况及样板情况，制定施工方案和作业指导书。

（4）成品保护

1）对于可移动的成品应移出施工区域。

2）对于无法移动的成品，可用白色的棉布、床单、塑料膜或防撞板进行包裹或遮挡。

3）对于相邻的不需要处理的石材应给予遮挡保护。

4）对于玻璃、金属、木质、涂料面等立面，以及木质、地毯、玻璃、金属、地插等地面进行防水保护。

5）对施工区域周边药水可能接触到的建筑物、装饰物、花草树木、沟渠、土壤给予遮挡保护。

6）现场因施工可能产生有害蒸汽，要做好全方位的成品（如吊灯）遮挡保护。

7）对玻璃、木质、石材等易损坏的立面进行防撞保护。

8）对被处理的石材不得进行密封性遮挡。

（5）清洁工作面，保证石材地面干燥、无污染、无灰尘、无粘结胶等。

（6）再结晶硬化处理

1）任何介质的结晶材料均可以使用，可根据实际需求进行选择。

2）含钙量较多的石材，可使用粉剂进行处理，以快速增加石材表面的光泽度。

3）淡色石材如不做结晶粉处理或做结晶粉处理效果不佳，应先用白色百洁垫进行抛光，一般抛光 2 遍，对于一些白色石材宜抛光 4 遍。

4）金属棉抛光应使用 $0^\#$、$1^\#$ 普通钢丝棉和 $1^\#$ 不锈钢钢丝棉等进行抛光。

5）再结晶硬化处理，当天处理遍数不宜超过 2 遍。

6）再结晶硬化处理，每遍的间隔时间不少于 15 min。

7）研磨后再结晶硬化处理应确保进行 5~8 遍，以保证石材表面形成较为耐磨的结晶层。

（7）清场整理

1）拆除所有成品保护。

2）将现场清理干净，保持干燥，将污水、垃圾处理干净。

3）相应人员、设备、材料、工具等撤离现场。

（8）质量检验

1）再结晶硬化处理后，石材目测应光透润泽，能够清晰地映出物体的影像。

2）经过再结晶硬化处理的石材表面防滑性应符合相关规定。

3）经再结晶硬化处理后，石材表面应具有抗污效果，石材表面的细小划痕和鸡爪纹得到修复。

4）再结晶硬化处理不可改变石材颜色，石材表面无晶硬剂痕迹，无钢丝棉痕迹、磨痕和划伤等，整体干燥、干净，光泽度、清晰度统一。

5）再结晶硬化处理要提高石材表面光泽度，石材表面光泽度至少提高 10 GU，直至合格。

6）石材再结晶硬化处理后，应达到以下光泽度要求。

①花岗石的光泽度应达到 85 GU 以上。

②大理石的光泽度应达到 80 GU 以上。

③微晶石的光泽度应达到 85 GU 以上。

④人造合成石的光泽度应达到 75 GU 以上。

⑤水磨石的光泽度应达到 75 GU 以上。

⑥陶瓷砖的光泽度应达到 75 GU 以上。

⑦特殊情况及特殊石材光泽度由双方协商决定。

6. 检查方法

（1）光泽度测定方法

按照国家标准《建筑饰面材料镜向光泽度测定方法》（GB/T 13891）的方法，采用镜向光泽度测光仪，按仪器说明书，校正标准光泽度，在石材表面每 100 m^2 测定 n 个测点，将测点数据相加除以 n，得出平均光泽度数据。

（2）地面石材防滑测定方法

按照标准《地面石材防滑性能等级划分及试验方法》（JC/T 1050）要求进行。

（3）其他测定方法

均采用视觉识别方法，对所看到的石材表面状况进行判定。

思考题

1. 石材的分类及各自的特点是什么?
2. 如何识别各类石材的污染和病变?
3. 各类石材清洁剂、抛光剂、再结晶剂的特点和适用范围是什么?
4. 石材研磨、抛光、再结晶的作业流程是什么?
5. 如何制定石材清洁保养作业方案?

第4章

木地板的清洁与保养

第 1 节 木地板清洁保养基础知识

1. 家具腿下面需要安放护垫,但不能使用橡胶类材质的护垫,否则会产生不能去除的痕迹,麻或布类材质的护垫则不会产生此类问题,如图 4-1 所示。

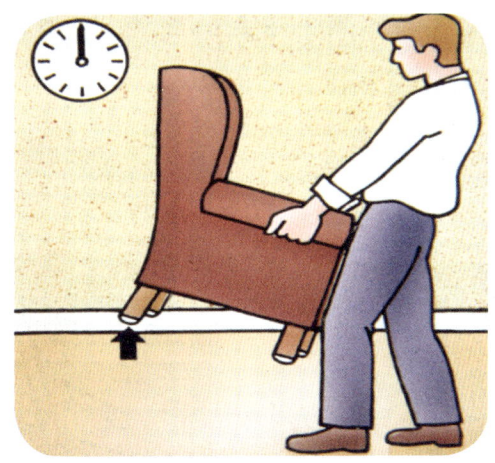

图 4-1 家具腿下安放护垫

2. 在房间出入口内外分别放置一块脚垫(如图 4-2),可以有效地将鞋底的大部分灰尘和沙砾带下来,避免带进房间对木地板表面造成磨损。脚垫需要定期吸尘和清洗。

3. 尽量保持室内的温湿度在一个合适的范围内:相对湿度为 30%~60%,温度为 18~22 ℃较适宜,如图 4-3 所示。这个温湿度范围不仅有助于保持木地板尺寸的稳

图 4-2 房间出入口放置脚垫控尘

定,也使人感到最舒适,而且可最大限度地减少细菌滋生。加湿器虽然能够提高室内的相对湿度,但一些绿色植物和小鱼缸也能够起到同样的作用,还可美化环境,减少耗电。

4. 每天使用吸尘器或微纤维结构的除尘垫进行除尘,既有效地保护了木地板,又保护了室内空气环境,如图 4-4 所示。

图 4-3 木地板房间内的温度和湿度

图 4-4 吸尘器除尘

5. 木地板表面涂料并不都具有很好的抗化学腐蚀能力,对于流到木地板上的饮品等液体需要及时擦干净,以免腐蚀木地板表面的保护涂料。

6. 无论是木地板表面涂料被划伤还是木质层被划伤,都应该尽快修复,否则会缩短其使用寿命,木地板不同划伤类型修补方法如图 4-5 所示。修补划伤痕迹前,需要将整个木地板表面清洗干净再修补划痕,最后在整个房间木地板表面涂一遍保养剂或双组分水性聚氨酯漆。

图 4-5　木地板不同划伤类型修补方法

a)木地板表面保护涂料被划伤　　b)漆面划伤修补蜡
c)木质层划伤　　　　　　　　　d)木质层划伤修补腻子

7. 人走在木地板上产生咯吱咯吱的响声,是安装时基层地板没有处理好或者木地板自身的含水率不符合当地木材的平衡含水率所导致的,正常的清洁保养既不会导致此类问题的出现,也解决不了此类问题。

8. 正常的木地板清洁保养施工不会导致其尺寸发生变化。水性聚氨酯漆也不会导致木地板变形。

9. 不是所有的木地板表面保护涂料都具有很好的抗刮擦性能,所以,建议物业或业主方经常给家里的宠物剪趾甲,或禁止宠物进入物业环境中。避免尖锐物在地板上擦划、拖拉。

10. 仿古木地板凸起部分的保护涂料比凹陷部分的磨损严重。涂木蜡油的木地板表面经常会出现光泽度不一致的现象，这是因为在正常使用的情况下，木地板表面磨损程度不一样，而涂漆的木地板则会好得多。对于涂油的木地板，如果表面有水印等痕迹，一般的清洁保养施工不能很好地解决此类问题。使用蜡做过保养的木地板，即使表面彻底清洁干净了，但在蜡没有被除掉前，也不能做任何种类的保养，哪怕是涂一遍新蜡，原因是蜡会降低木地板的附着力。

11. 检测木地板是否做过蜡保养，可以目测，或选择一个角落，使用硬币刮其表面的方法进行检测，如图 4-6、图 4-7 所示。

图 4-6 打过蜡的木地板表面

12. 不要使用溶剂型清洗剂清洗木地板，否则不仅会损伤木地板，还会污染室内空气。

13. 不要使用煤油等易燃物清洗木地板，煤油中的硫化物在清洗的过程中会留在木地板表面，造成表面过滑；同时煤油属于易燃品，还会污染室内空气。

14. 在对木地板做清洁保养前，需要了解木地板的铺装面积、清洁保养面积、表面的结构，是平面还是仿古以及拉丝程度、表面为何种保护涂料、表面的划伤情况、以

图 4-7 检测木地板表面是否有蜡

前是否用蜡保养过、属于何种类型。如果是实木复合地板，还应了解其表板的厚度、安装方法、尺寸变形的程度、与其他地面材料如何连接，踢脚板、压条和扣条的材质等，如业主允许可拍下能够确定其位置的照片。

15. 常见木质材料图谱如图 4-8 所示。

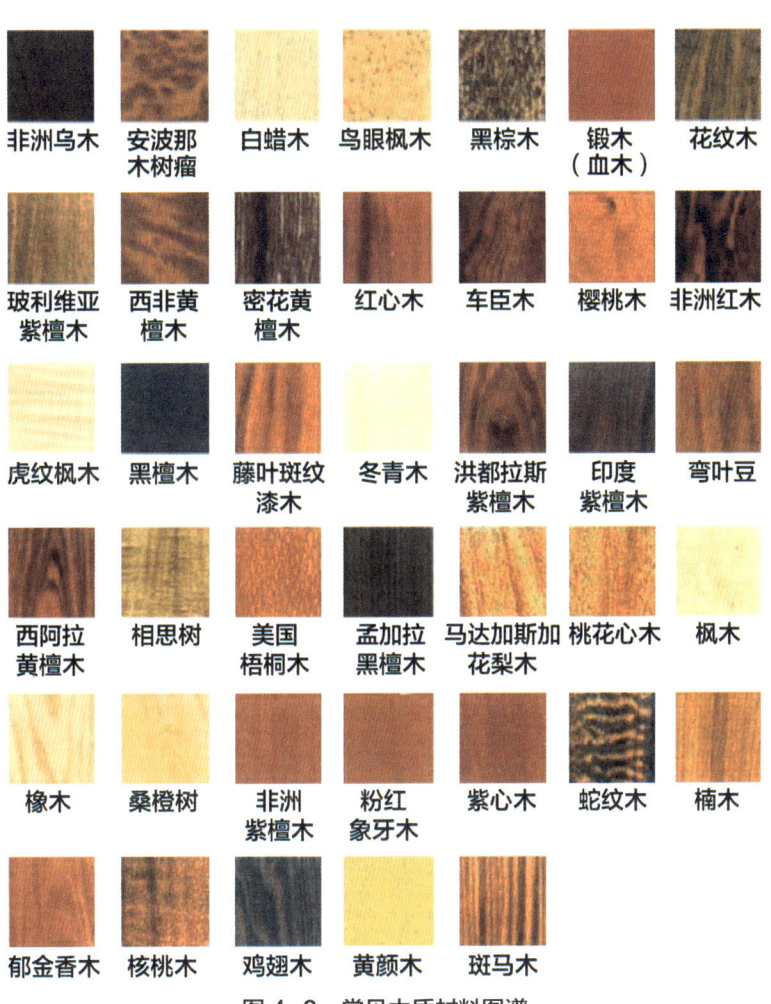

图 4-8 常见木质材料图谱

第 2 节　木地板的清洁保养知识

▶ 一、木地板的清洁知识

1. 木地板污渍的形成

（1）药剂（或称涂料）保护的正常磨损

木地板是通过药剂来保护其自身的。在使用的过程中，人们正常行走、椅子或其他物体在木地板表面移动、清洁过程中拖布的移动等都会在木地板表面造成非常细小的划痕，这种磨损是正常的使用磨损。

使用不同的木地板保护药剂，木地板表面磨损后的视觉效果也是不同的。漆膜和蜡膜表面被磨损的地方光泽度会降低，这是因为被磨损的地方产生了很多细小的凹面，当光线照射到木地板表面时，凹面区域光线的反射率大幅降低，从而使被磨损的地方看起来发污、暗淡无光泽；油面和木蜡油表面被磨损的地方通常颜色会变浅，比未被磨损的区域看起来更脏，这是由木地板表面的油脂或蜡膜被磨掉或清洁时被清洗掉而导致的。

如果木地板表面的正常磨损没有得到定期的、专业的清洁保养，其表面的保护膜或保护油脂就会随着时间的推移完全被磨掉，从而露出木材本身，导致木地板的使用寿命大为缩短。特别是拉丝木地板或手抓纹（或浮雕）木地板，由于其表面是凹凸不平的，凸起部分表面的保护涂层更容易被磨掉。目前大多数木地板都不是木本色，而是采用物理手段（如经过高温处理而呈烟熏色）、化学手段（如使用化学试剂改变木材颜色），以及使用染色剂对木地板进行手工搓色或机器滚筒上色，在木地板漆、油、木蜡油中加色等方法，改变木地板的颜色。这些方法有些是使木材通体呈一个颜色，但大多数只是对表面颜色的改变。如果木地板表面的保护药剂被磨穿，这些颜色通常是很容易被磨掉的。一旦出现上述情况，被修复区域的颜色就很难与其他区域的颜色保持一致，从而造成视觉上的颜色差异。

（2）表面污物

表面污物包括可移动的污物和附着在木地板上的污物。可移动的污物是指灰尘、沙砾、纸屑、人和宠物的毛发、细菌、人的头皮屑、融雪剂等；附着污物是指人和宠物的体液、饮料（咖啡、奶、茶水、果汁、碳酸饮料、酒等）、佐料（酱油、醋、酱料等）、有黏性的糖类、胶类（胶带从木地板表面移除时产生的移胶）、油脂类等。随着时间的推移，一些污物会进入木地板正常磨损所产生的细小划痕和木材本身的纹理中，而这些是不能通过清洗药剂和拖布清洁干净的，必须使用专业的清洁设备和清洗药剂才能够彻底清洁干净，然后再通过在木地板表面涂一层保养产品，恢复木地板表面原有的光泽。定期专业的木地板清洁保养不但可以使木地板表面长久如新，还可以延长它的使用寿命。由此可见，对木地板进行定期的、专业的清洁保养是非常必要的。常见木地板的污物及划痕如图4-9所示。

运动木地板表面的胶带移胶

木地板表面污物被刮掉的刮痕

鞋底灰尘等留下的脚印

运动木地板表面漆膜磨损以及漆膜上的场地线被磨掉

木地板被带颜色的液体浸渍

运动木地板上的黑鞋印

木地板上的灰尘、沙砾及表面磨损

严重日常磨损的木地板表面

划伤、暗淡无光的木地板表面

木地板被磨损到木质层

划伤到木质层

图 4-9　常见木地板的污物及划痕

（3）漆膜或蜡膜划伤

在一定的压力下，硬物在木地板上面划过时，会在其表面的漆膜或蜡膜上产生划痕。这种划痕使漆膜或蜡膜遭到破损，但未伤及木质层，在正常光线下能够看到非常清晰的白色划痕，如图 4-10 所示。如果是单独的一道划伤，可在对木地板进行深度彻底的专业清洁后，使用蜡质修复产品（其颜色和木地板表面颜色接近）对其加以修复，然后涂一层保养产品；如果是大面积划伤，则需要使用一种专门的清洗处理药液对表面漆膜进行深度彻底的专业清洁，然后使用一种特殊的 300 目以上的砂毡或 200 目以上金刚砂砂盘和抛光机将表面漆膜抛粗糙，清洁干净后再涂一遍双组分水性聚氨酯漆，这种方法通常被称为重涂或再涂漆。砂毡或金刚砂砂盘必须采用软连接的方式压在抛光机下面，以保证柔性抛光，使木地板表面的凹凸区域都能够被抛到。

（4）木质层划伤

在一定的压力下，硬物在木地板上面划过，不但能在木地板表面的漆膜或蜡膜上产生划伤，而且还能穿透漆膜或蜡膜伤到木质层，如图 4-11 所示。如果是单独的一道划伤，可在对木地板进行深度彻底的专业清洁后，使用 200 目以上的细砂纸对木质

图 4-10 木地板的漆膜或蜡膜被划伤

层表面进行打磨,使其露出新的木茬,然后用修补腻子一类的产品(其颜色和木地板表面颜色接近)对其加以修复,清洁干净后涂一遍保养产品;如果是大面积划伤,则需要使用打磨机将整个木地板表面的原有漆膜打磨掉,使其露出新的木质层,且需将整个木地板打磨平整,如果需要染色,可用抛光机、油性染色剂、红色毡垫和白色面布对木地板先进行染色(抛光机不能染到的边角区域需手工进行染色),然后涂一遍水性聚氨酯底漆,再涂 2～3 遍水性聚氨酯面漆,也可直接涂油或木蜡油。木地板染色时不能使用水性染色剂,因为水性染色剂干燥得非常快,在染色施工中很容易出现接痕,而且还会出现跑色现象,使木地板表面变花。使用油性染色剂染过色的木地板如果准备涂漆,必须涂水性聚氨酯底漆,以保证整个漆膜的附着力;如果涂丙烯酸类的水性底漆,则漆膜不具备良好的附着力。所有浸过油性染色剂、木地板油或木蜡油的毡垫和棉布等,使用后必须置于密闭金属容器或水中,以避免其发生自燃。

 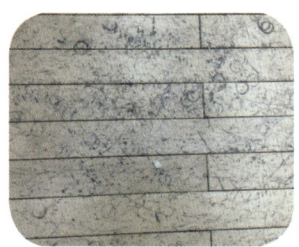 

图 4-11 木地板的木质层被划伤

2. 木地板清洁常用工具、药剂、设备

（1）工具

1）拖布。最好使用带有尼龙搭扣可旋转的平板拖布，平板部分呈梯形，以方便沿木材纹理方向在木地板表面直线推行及转变方向。

2）超细纤维除尘垫（见图 4-12）。对木地板进行干清洁时使用，可有效彻底清洁木地板表面可移动的污物。超细纤维结构是将正常的尼龙纤维切成相当于头发丝 1/100 的细度，而且其横断面呈星状结构（此种结构可使其自身表面积增加 100 倍），尼龙纤维的外表面包裹一层聚酯，从而使其在木地板表面拖动过程中产生静电，有效地将木地板表面可移动污物吸附在除尘垫上并带走，而不是用力推走，从而最大限度地降低了由于清洁工作而造成沙砾等对木地板表面的划伤。使用过的除尘垫，可以用吸尘器将附着在其上的可移动污物清洁干净。超细纤维除尘垫和吸尘器相比，不但节省电能，还可节约时间。

图 4-12 超细纤维除尘垫

3）超细纤维清洁毛巾（见图 4-13）。对木地板进行湿清洁时使用，可以有效地

将附着在木地板表面的污物(不包括木地板表面的移胶)清洁干净,并产生静电将污物移除。超细纤维结构不掉毛、不褪色,清洁后不会改变木地板表面的光泽度。超细纤维毛巾能吸收 7 倍于自重的液体,具有优良的亲液性,能够将油脂牢固地吸附在其纤维表面上且不会留下各种清洗痕迹,也不会损伤木地板表面。在使用超细纤维毛巾对木地板表面进行清洁时,能够更少地使用清洗药剂。对使用过的超细纤维毛巾,可使用温和的皂液机洗或手洗。

图 4-13　超细纤维清洁毛巾

4)各类磨料。各类磨料包括由碳化硅、氧化铝、钻石等硬质物制作的砂带、砂角、砂纸、砂盘等工具,其打磨能力一般以"目"为单位。目数越大表明其粗糙程度越低,打磨力度越低,打磨后的光泽度越好。通常需要配合打磨机、抛光机等木地板清洁设备使用。

相关链接

不同材质磨料的作用

碳化硅:用于木质材料和两遍涂漆之间的打磨。

氧化铝:用于木质材料和两遍涂漆之间的打磨。

氧化锆及氧化铝混合物:用于木质材料打磨。

陶瓷材质:用于打磨非常硬的材料,如质地坚硬的漆、经过轧制而成的重竹地板、立木地板、嵌有金属的木地板、用密度大且质地坚硬的木种生产的地板等。

钻石材质:用于漆膜抛光。

①打磨砂带（见图4-14）。打磨砂带用于履带式打磨机或单鼓式打磨机对木地板表面的打磨，宽度200～300 mm，粗细分为24目、36目、40目、60目、80目、100目、120目。

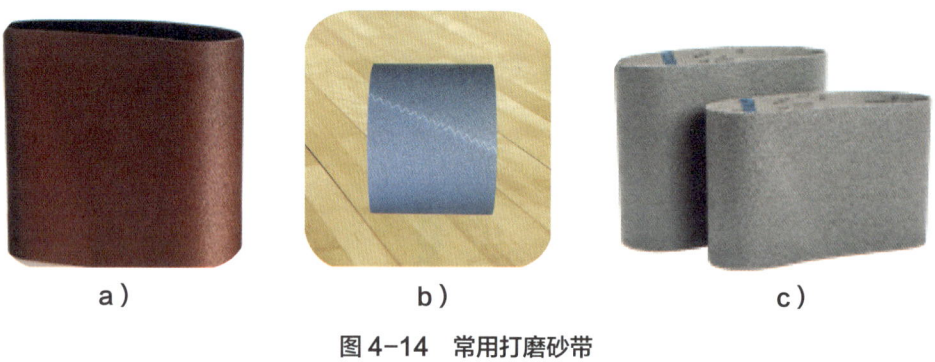

图4-14 常用打磨砂带

a）氧化铝材质砂带　　b）氧化锆材质砂带　　c）陶瓷氧化铝材质砂带

②砂盘（见图4-15）。砂盘常见材质为碳化硅、氧化锆混合物、金刚砂、陶瓷氧化铝混合材质，用于边角打磨机、抛光机、手持磨机对木地板的表面打磨，粗细分为40目、50目、60目、100目。

③砂角（见图4-16）。砂角常见材质为氧化铝、碳化硅，与320目的砂毡配合对木地板表面的漆膜进行柔性抛光处理，粗细有120目、150目。

④砂网（见图4-17）。砂网主要为碳化硅材质，用于抛光机对木地板表面进行抛光处理，粗细有120目、150目。

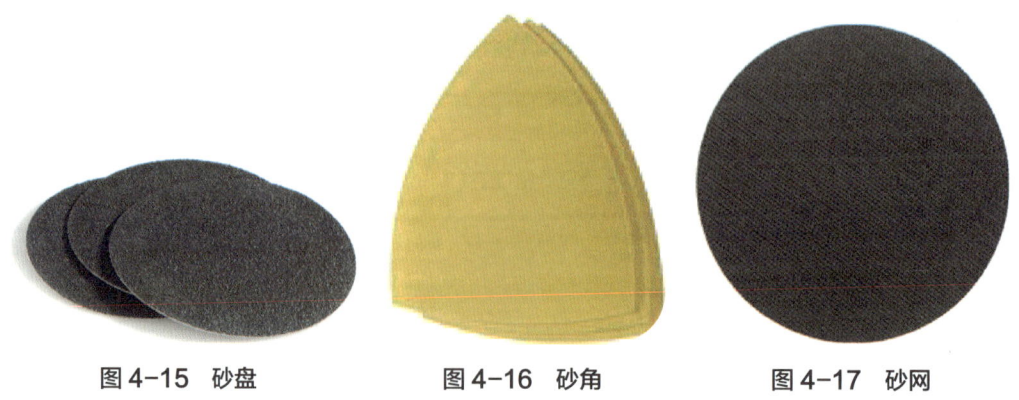

图4-15 砂盘　　　　　图4-16 砂角　　　　　图4-17 砂网

⑤砂毡（见图 4-18）。砂毡主要为氧化铝或碳化硅材质，用于对木地板或木地板的表面漆膜进行柔性抛光，粗细为 320 目。

⑥砂纸（见图 4-19）。砂纸主要为碳化硅材质，用于手工对木地板表面或漆膜表面进行打磨或抛光处理。

⑦刮板（见图 4-20）。刮板主要用于对木地板表面边缘（所有机器打磨不到的区域）进行刮平处理。

⑧白色清洁垫（见图 4-21）。白色清洁垫主要用于抛光机，连接 320 目砂毡或 120 目砂网，起到缓冲和柔性抛光的作用。

图 4-18　砂毡

图 4-19　砂纸

图 4-20　刮板

图 4-21　白色清洁垫

> **相关链接**
>
> **不同清洁垫的清洁作用**
>
> 白色清洁垫：连接其他颜色的毡垫，起到对单刷机的缓冲作用。
>
> 红色清洁垫：配合单刷机清洗涂油、涂木蜡油或涂蜡的木地板。
>
> 绿色清洁垫：配合单刷机清洗涂漆的木地板。

⑨钻石砂盘（见图4-22）。钻石砂盘常用于在涂漆前对原有漆膜进行柔性抛光或对木地板进行更细的柔性抛光。

（2）设备

1）吸尘器。使用吸尘器对木地板表面的可移动污物进行清洁，最好采用双气旋过滤、密闭性优良的吸尘器，以避免开机启动时吸尘器内部的灰尘散出。双气旋过滤吸尘器（见图4-23）在吸尘时空气通过粗过滤和细过滤两次过滤（见图4-24），在打磨木地板时也可以和打磨机连接，实现打磨木地板的源头性粉尘控制。吸尘器在每次使用前，其过滤网、集尘袋（集尘袋更换及使用见图4-25、图4-26）以及电缆都应该是清洁干净的。

图4-22 钻石砂盘

图4-23 双气旋过滤吸尘器

第 4 章 木地板的清洁与保养

吸尘器顶部的粗过滤

吸尘器右侧柱状部位的细过滤

图 4-24 吸尘器内部的污染过滤

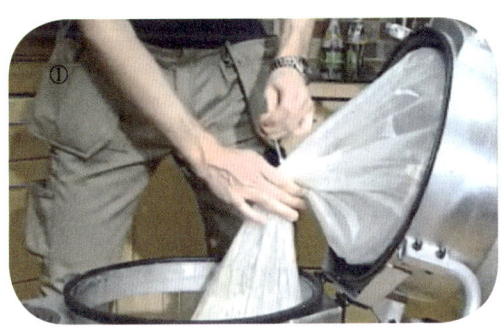

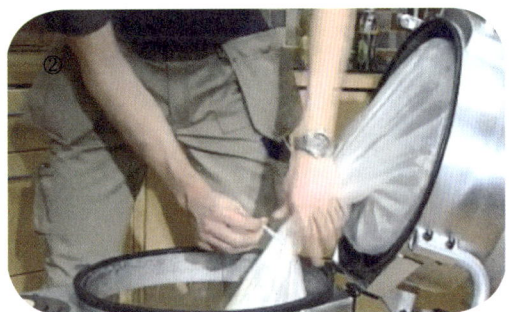

图 4-25 在密闭状态下更换集尘袋

图 4-26 重新开机后,集尘袋充气到位

2）地板深度清洗机（见图4-27）。地板深度清洗机自身具有盛放清洗药剂的水箱和清洗废液的收集箱。在清洗木地板时稀释后的清洗药剂会自动喷洒在木地板表面，然后通过两个旋转方向相反的滚刷对木地板表面进行深入纹理的清洗，清洗后的废液被吸到废液收集箱里，即使是重度拉丝木地板的沟槽部分也能够被彻底清洗干净。不能将溶剂型、易燃型清洗产品倒入深度清洗机的水箱中清洗木地板，否则不仅会毁坏清洗机，也会损伤木地板表面。地板深度清洗机的基本操作方法如图4-28所示。

图4-27 地板深度清洗机

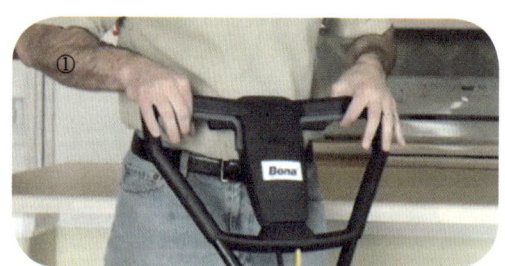

① 松开扳机，滚刷静止，处于吸水状态

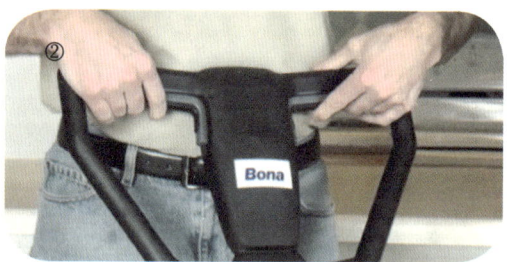

② 握住扳机，滚刷转动，处于喷水及吸水状态

③ 脚踏板调节到不吸水状态

④ 清洗后的废液留在木地板表面

脚踏板调节到吸水状态　　　　　　　清洗废液被吸到废液收集箱

图 4-28　地板深度清洗机的操作方法

3）履带式打磨机。履带式打磨机可以打磨所有木地板,并自带吸尘装置。履带式打磨机构造如图 4-29 所示。

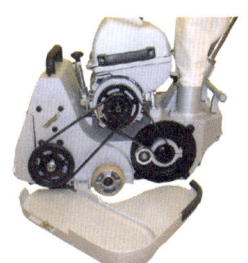

打磨鼓　　　　　　　　履带式打磨机　　　　　　履带式打磨机皮带传动

图 4-29　履带式打磨机构造

4）鼓式打磨机。鼓式打磨机适合家居场所等小面积打磨工作,且自带吸尘装置。其打磨效率低于履带式打磨机。鼓式打磨机的构造和安装如图 4-30 所示。

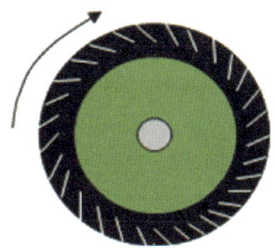
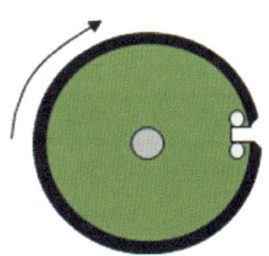

打磨鼓　　　　　　　　膨胀式打磨鼓　　　　　　卡扣式打磨鼓

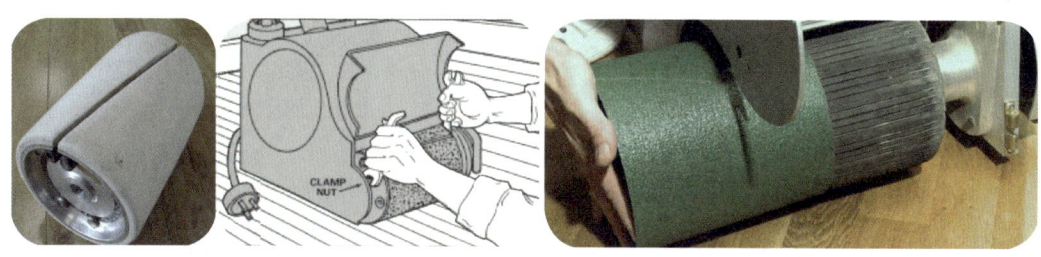

卡扣式打磨鼓的砂带安装　　　　　膨胀式打磨鼓的砂带安装

图 4-30　鼓式打磨机的构造和安装

> **相关链接**
>
> ### 打磨机的运动原理
>
> 履带式打磨机或单鼓式打磨机通常的设计为从左向右一趟一趟地打磨，这样可以始终保持打磨机的 3 个轮子处于打磨后的平面上，从而让打磨机在打磨过程中保持平衡，如图 4-31 所示。
>
>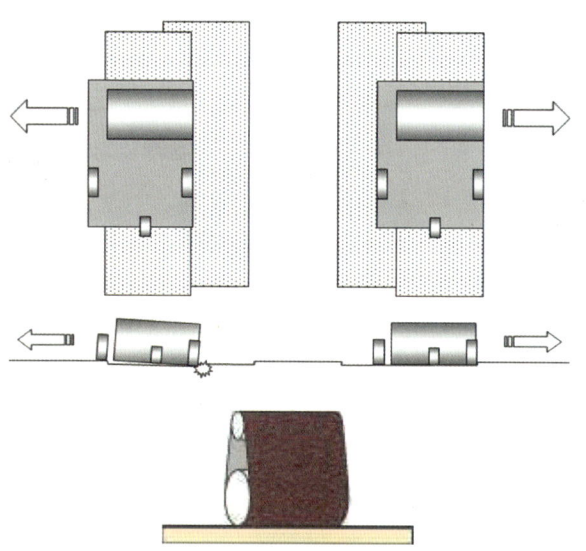
>
> 图 4-31　打磨木地板时打磨鼓及砂带所处状态

5）抛光机（见图 4-32、图 4-33）。抛光机可以打磨所有木地板，特别适合对形状不规则的木地板、三层实木复合地板、悬浮式安装的木地板表面进行打磨，但其打磨效率低于履带式打磨机和鼓式打磨机。抛光机在对木地板进行打磨时出现打磨问题的概率要比鼓式打磨机低很多,且容易掌控操作。

图 4-32 抛光机

图 4-33 用于漆面抛光的 3、4、6 碟磨盘

6)手持磨机(见图 4-34)。手持磨机打磨木地板表面的边角区域(履带式打磨机、鼓式打磨机和抛光机打磨不到的区域)、木质楼梯等。手持磨机灵活性强,对大型机械难以照顾到的部位有很好的辅助清洁效果,但在粉尘控制方面表现比较差,需要注意人员防尘工作。

7)边角打磨机。边角打磨机打磨木地板表面的边角区域(履带式打磨机、鼓式打磨机和抛光机打磨不到的区域)、木质楼梯等,自带吸尘装置。其工作情况如图 4-35 所示。

图 4-34　手持磨机

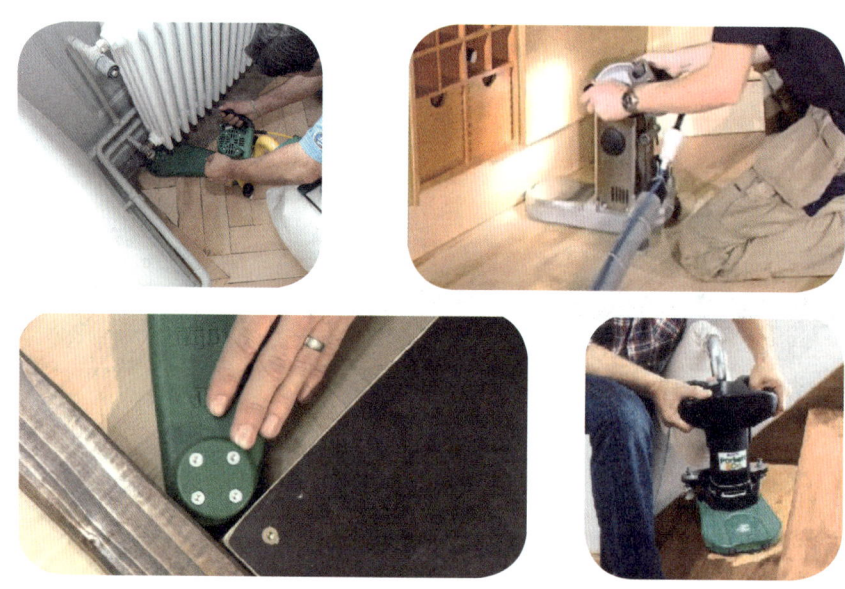

图 4-35　边角打磨机打磨木地板

（3）药剂

清洗木地板表面时，通常使用酸碱度为中性或弱碱性的浓缩型产品，使用之前需要严格按照生产厂家规定的配比用水稀释。不能用清洗石材或硬质地面的清洗药剂清洗木地板表面，否则会致其损伤，造成木地板表面暗淡无光泽，严重的还会使木地板表面的涂料保护层脱落。

二、木地板的保养知识

1. 木地板保养的分类与作用

木地板的保养大致可分为漆面地板的保养、油面地板的保养和木蜡油地板的保养。漆面地板的保养方式主要包括聚氨酯漆保养和蜡保养，油面地板的保养包括浅层保养和深层保养，木蜡油地板的保养包括浅层保养和深层保养。

总体上来说，木地板的保养作用如下。

（1）保持地板干燥清洁，防止水分浸泡地板，防止溢水造成地板起拱、变形。

（2）防止强烈持久阳光曝晒地板，以免地板漆面长期在紫外线照射下提前老化、开裂。

（3）防止重金属锐器、玻璃瓷片、鞋钉等坚硬物品直接划伤地板，防止移动家具时桌椅边角划伤地板。

（4）隔绝强酸性和强碱性物质。

2. 木地板保养的工具、设备、药剂

（1）工具

常用的木地板保养工具包括白色清洁垫、红色清洁垫、绿色清洁垫、超细纤维清洁布、白色棉布、喷壶、水桶、平板拖布、滚筒刷、各类打磨材料等。由于这些工具在教材之前的章节有过介绍，本节不作赘述，仅对滚筒刷进行相应介绍。

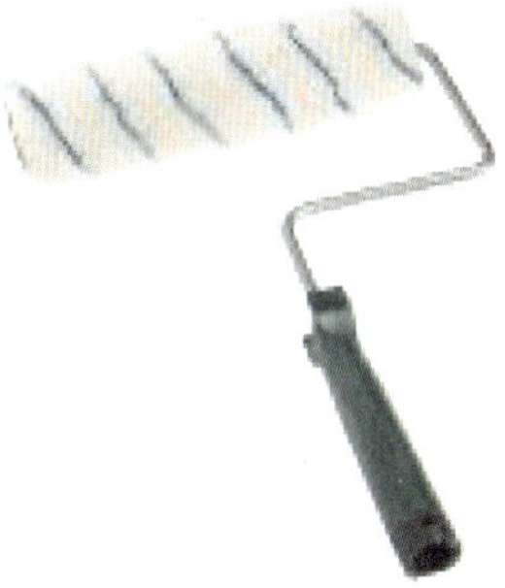

滚筒刷（见图4-36）是一种常见的地板上漆用工具。通常情况下，清洁服务师用其蘸取足够的聚氨酯漆产品，手动均匀地涂满地板表面，完成漆面地板的保养工作。使用时，将滚筒刷放入涂料桶充分吸收漆料，拿出后压出多余的漆，再进行涂刷。涂刷时保持轨迹平直，按照现场情况依照由前及后、由

图4-36 滚筒刷

左到右的基本顺序进行涂刷，注意每段涂刷轨迹间保持一定的重合，并及时对堆漆进行刮除。

（2）设备

常用的木地板保养设备包括履带式打磨机、鼓式打磨机、抛光机、边角打磨机、手持磨机、双气旋过滤吸尘器。关于上述设备的介绍，可参考木地板清洁设备介绍部分的内容。

（3）药剂

木地板保养用药剂主要为聚氨酯漆，木地板蜡和自然油。

1）聚氨酯漆。聚氨酯漆即聚氨基甲酸酯漆，漆膜强韧、光泽丰满、附着力强、耐水耐磨、耐腐蚀，被广泛用于木制品的养护。水性聚氨酯漆稀释产品与蜡的混合物，与UV漆、聚氨酯漆、丙烯酸漆等都有很好的黏结力，但不能涂在蜡层上面，因为蜡层会降低附着力。其自身可重涂，但不能被水性聚氨酯漆覆盖重涂。

2）木地板蜡。木地板蜡是白色油性高级固体蜡，带香味，在高温下为油性半固体，低温为硬固体，能快速渗入木地板材质的缝隙。用抛光机对打蜡木地板进行抛光处理后，可以使木地板具有一定的光泽度、较高的耐磨性及封地效果。其养护作用在于形成坚硬的保护膜，令木地板表面抗刮、耐磨，有效地防止水分、油污及其他物质侵蚀，从而延长木地板的使用寿命。

3）自然油。自然油目前主要用于替代国内传统的石化类油漆对木地板的表面进行处理，有较高的环保性，可替代植物木油。使用时如果需要稀释，不应用水稀释，而应采用专用稀释剂稀释。涂抹时将自然油少量分布于木地板表面，利用鬃毛刷均匀涂抹，使其有效渗入，再清除多余的自然油，做到不多涂也不漏涂。有时也可应用棉布块进行小范围的涂饰工作。

第3节 木地板的清洁技能

技能1：使用吸尘器除尘

1. 工具准备

可转向的平板拖布、超细纤维毛巾、有色胶带。

2. 设备准备

双气旋过滤吸尘器。

3. 操作步骤

步骤1：空调保持关闭状态。

步骤2：清空木地板上可移动的物体，如座椅、电线、花盆等。

步骤3：卷起落地式窗帘。

步骤4：将接近木地板的床单下沿卷起。

步骤5：如果房间内还有其他地面材料，需要对其他地面材料采取保护措施，即在其连接部分贴2～5 cm宽的胶带，如图4-37所示。

步骤6：使用吸尘器将踢脚板上沿的灰尘吸干净，如图4-38所示。将超细纤维毛巾展开，平压在可转向平板拖布下；从房间的最里边开始沿木地板铺装方向推动或拖动拖布，无须向下用力；遇到墙壁或家具时，原地转向；每一趟除尘需要叠压一部分前一次除尘过的区域，叠压宽度为 5 cm；整个除尘过程中超细纤维毛巾与木地板的表面始终保持接触状态；使用吸尘器将木地板缝隙里的可移动污物吸干净。

图 4-37　贴胶带保护

吸尘前的地板缝　　　　　　　　　　　　　　对缝隙进行吸尘

图 4-38　使用吸尘器吸除地板缝隙的灰尘

步骤 7：用平板拖布对地板进行整体拖擦，去除残留灰尘。

4. 质量要求和评价

木地板表面及木地板缝隙里的可移动污物是否清除干净，简单的检测办法是将手掌在木地板表面放置几秒后抬起，看手掌上是否有任何可移动污物。如果可移动污物没有清洁干净，在下一步的湿清洁过程中可移动污物中的沙砾等就会划伤木地板表面涂层，情况严重的会划伤木质层，还会出现木地板表面和泥的现象。如果木地板缝隙里的可移动污物没有被清除干净，在涂木地板保养剂水性聚氨酯漆时，这些污物则会被带出，并留在木地板表面，最后形成的保养膜中就会含有污物（如毛发等）。

5. 注意事项

（1）用于保护其他地面材料或墙面等所贴的胶带黏性不宜过大，否则在揭胶带时会产生移胶，从而导致被保护物的表面遭受污染，最好是选定一个品牌的胶带经过测试后再使用。

（2）超细纤维毛巾如果没有平整地压在平板拖布下，除尘时可能会导致有些区域被漏掉。

（3）在除尘时，如果用力将拖布向下压，会导致可移动污物中的颗粒物划伤木地板表面的保护涂层。

（4）如果拖布离开木地板表面后又被放回，则可能会导致清洁过的区域重新被污染。

（5）避免拖布撞击房间内的家具、踢脚板、墙板等。

（6）此项除尘工作可作为家庭、办公室、商场、公共场所、体育运动场所等木地板的日常干清洁，建议每天清洁一次。

技能 2：使用拖布清洗木地板

1. 工具准备

可转向的平板拖布、超细纤维毛巾、量杯和喷壶（如有稀释好的带有喷雾装置的清洗药剂，则无须准备量杯和喷壶），如图 4-39 所示。

2. 药剂准备

木地板表面的保护药剂有 4 种，即漆、油、木蜡油和蜡，它们都可以通过拖布均匀地涂抹在地板上从而实现清洁目的，但其保护木地板的方式和原理不同。漆和蜡是

超细纤维地拖　　　　　　　　量杯　　　　　　　　喷壶

图 4-39　拖布清洗木地板时用到的工具

在木地板表面形成一层保护膜；油是通过油脂渗透到木纤维里，使污物不能进入木纤维中，从而保护木材；木蜡油是其中的油渗入到木纤维，而蜡在木地板表面形成蜡膜，可对木地板进行双层保护。所以在清洗使用不同保护药剂的木地板时，清洗药剂的选用会有所区别。清洗表面涂漆或涂蜡的木地板，可以选用涂漆木地板清洗药剂；清洗表面涂油或涂木蜡油的木地板，可以选用涂油木地板清洗药剂。如果使用涂漆木地板清洗药剂清洗表面涂油或木蜡油的木地板，在清洗的过程中会将保护木纤维的部分油脂清洗掉，同时可能会导致清洗后的废液渗入木纤维中，以致木地板表面不能够被清洗干净；如果使用涂油木地板清洗药剂清洗涂漆或涂蜡的木地板，会将清洗药剂中的油脂留在木地板表面的纹理中，与纹理中的污物相混合。

可使用浓缩型清洗药剂，按照正确比例稀释，也可以使用厂家稀释好的即用型清洗药剂。

3. 操作步骤

步骤 1：将浓缩的清洗药剂按照生产厂家的配比要求用水稀释。

步骤 2：将稀释好的清洗药剂装入喷壶中。

（如有稀释好的带有喷雾装置的清洗药剂，则无须上面的两个步骤。）

步骤 3：将稀释后的清洗药剂喷在木地板表面，一次喷涂 1～2 m^2 即可；在喷洒清洗药剂时，喷嘴距离木地板表面的距离不超过 30 cm，喷嘴距离墙体、家具等的距离不小于 30 cm；将超细纤维毛巾平整地压在平板拖布下面，从房间的最里边开始沿木地板铺装方向推动或拖动拖布，遇到墙壁或家具时，将拖布原地转向，如图 4-40 所示。

喷洒　　　　　　　　　　　　　　　拖擦

图 4-40　喷洒清洗药剂清洁顺序

清洗药剂一般用量为 10 mL/ m^2。测量喷嘴喷一次清洗药剂的量，计算出每平方米喷几次。

每一趟清洗要叠压前一次清洗过的区域，叠压的宽度不少于 5 cm；如果木地板表面污染严重，可再换一块干净的超细纤维布清洗第二次甚至第三次，直至清洗干净。

4. 质量要求和评价

（1）逆光或沿着木地板铺装方向俯身倾斜观察时，清洗干净的木地板表面没有清洗痕迹，表面的光泽度基本一致。这种清洗痕迹通常表现为沿木地板方向的一道道印迹。

（2）清洗木地板时，如果清洗药剂和清洗后的污液从木地板的缝隙流入（见图 4-41）、漆膜剥落（见图 4-42）或使用过量的清洗药剂，都会导致木地板变形（见图 4-43），所以，使用喷壶将稀释的清洗药剂以雾状的形式喷在木地板表面，把稀释后的清洗药剂用量降到最低限度，可最大限度地保护木地板。

5. 注意事项

（1）保护用的胶带黏性不宜过大，否则在揭胶带时会产生移胶，从而导致被保护物的表面污染，最好是选定一个品牌的胶带经过测试后再使用。

图 4-41　清洗药剂或水少量渗入木地板缝隙

图 4-42　清洗药剂渗透导致漆膜剥落

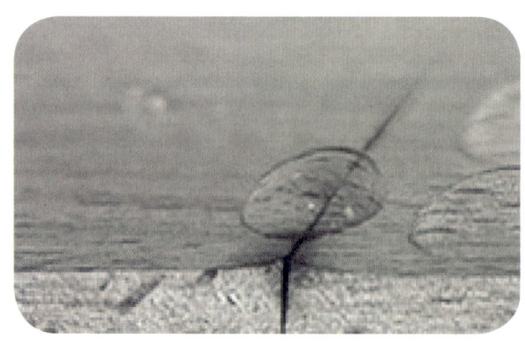

图 4-43　清洗药剂或水渗入木地板缝隙导致接缝变形

（2）在对木地板进行湿清洗前，必须先对其进行干清洁、除尘。

（3）使用稀释后的清洗药剂清洗过的木地板无须再用水清洗一遍，否则木地板表面会留下水印。

（4）避免拖布撞击房间内的家具、踢脚板、墙板等。

（5）拖布清洗可作为家庭、办公室、商场、公共场所、体育运动场所等木地板的日常清洗，清洗频率依使用要求而定，建议家庭每周至少1次，办公室每周2～3次，其他场所每天至少1次。

（6）使用拖布清洗木地板并不能对其进行深入纹理的清洗，如需要进行深入纹理清洗，则应使用单刷机或地板深度清洗机。

技能3：使用单刷机清洗木地板

1. 工具准备

白色清洁垫、红色清洁垫、绿色清洁垫、超细纤维清洁布、白色棉布、接线板、足够长的电缆、量杯、喷壶、水桶、平板拖布、有色胶带。

2. 药剂准备

针对使用不同保护药剂的木地板，选用正确的清洗药剂，浓缩型清洗药剂需要用水正确稀释。

3. 设备准备

单刷机针盘转速为150 r/min左右。单刷机如转速太慢，会损伤木地板，而转速太快，则会产生很大热量，对木地板表面的保护涂层会造成不良影响。

单刷机质量为35 kg左右。单刷机太轻会影响清洗效果和工作效率，太重则会对木地板表面的保护涂层产生不良影响。

4. 操作步骤

步骤1：将浓缩型清洗药剂按照生产厂家的配比要求用水稀释。

步骤2：将稀释好的清洗药剂装入喷壶中。

步骤3：将稀释后的清洗药剂喷在木地板表面，一次喷的面积大约为 5 m^2 即可。

步骤4：将单刷机压在清洁垫之上。清洗涂油或涂木蜡油的木地板时，使用红色清洁垫，如图 4-44 所示；清洗涂漆的木地板时，使用绿色清洁垫，如图 4-45 所示。

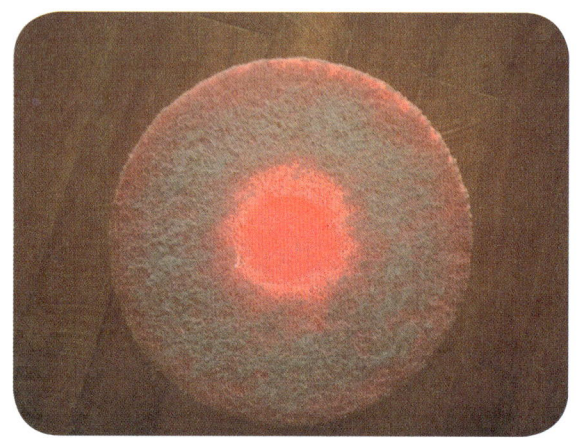

图 4-44　红色清洁垫清洗油面、木蜡油面、蜡面木地板

图 4-45　绿色清洁垫清洗漆面木地板

步骤5：从房间的最里边开始，沿木地板铺装方向操作单刷机清洗木地板。

清洗药剂一般用量为 10 mL/m² 左右。如遇难清洗的区域,可多喷一些清洗药剂。清洗木地板表面上的胶时,需要反复进行。

步骤 6:使用白色棉布、白色清洁垫和单刷机将污物清走。将一块正方形的白色棉布(边长大于白色清洁垫直径 5 cm 左右)平整地放在木地板上,再把白色清洁垫放在白色棉布上,白色棉布四个角折过来包在白色清洁垫上面,然后将单刷机压在上面,从房间的最里边开始沿木地板铺装方向操作单刷机清除浮在木地板表面的污物,一块棉布使用面积为 20 m² 左右,用过的脏布放在水桶里。通常一块木地板至少需要使用白色棉布擦洗 3 次,直到擦洗后白色棉布没有颜色上的变化才能结束作业,如图 4-46 ~ 图 4-48 所示。

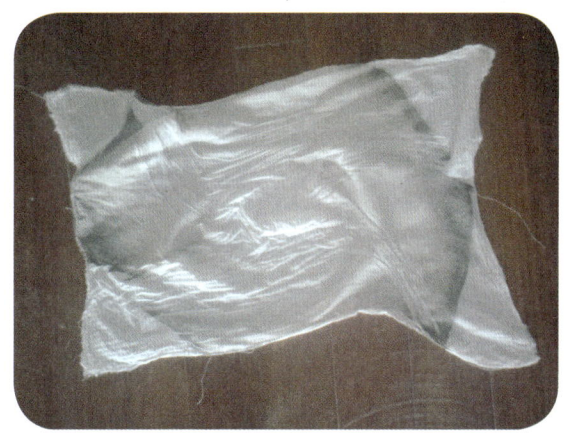

图 4-46　用单刷机、白色清洁垫、白色棉布擦洗木地板表面

图 4-47　用清洁垫和单刷机清洗后的木地板表面

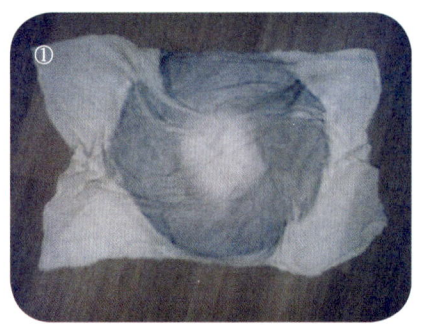
第一次擦洗后的白色棉布

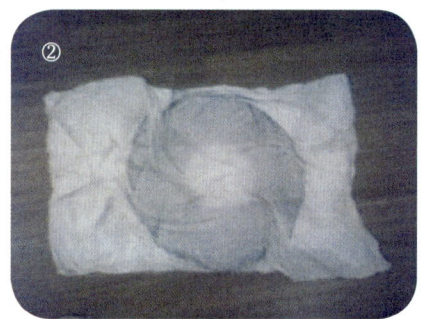
第二次擦洗后的白色棉布

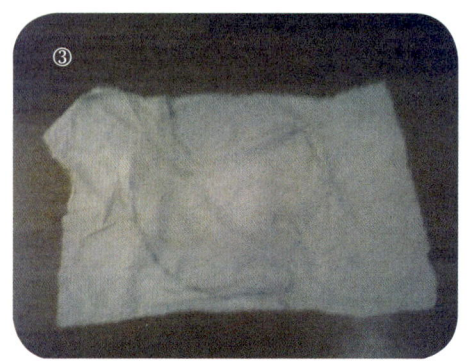
第三次擦洗后的白色棉布

图 4-48 三次擦洗后白色棉布对比

步骤 7：单刷机清洗不到的边角区域，使用拖布、超细纤维毛巾和稀释后的清洗药剂手工清洗，直到清洗干净。

5. 质量要求和评价

逆光或沿着木地板铺装方向俯身倾斜观察时，清洗干净的木地板表面没有清洗痕迹，表面的光泽度基本一致，表面干燥后没有呈圆弧状的圈痕。

6. 注意事项

（1）保护用的胶带黏性不宜过大，否则在揭胶带时会产生移胶，从而导致被保护物的表面污染，最好是选定一个品牌的胶带经过测试后再使用。

（2）在对木地板进行单刷机清洗前，必须先对木地板进行干清洁、除尘，木地板缝隙需要使用吸尘器吸尘。

（3）因为在用清洗药剂清洗木地板时可能会弄脏电缆，所以使用白色棉布擦洗木地板前需要将单刷机的电缆擦拭干净。如有需要，可在最后一遍白色棉布擦洗木地板前，再擦拭一遍单刷机的电缆。

（4）按照清洗药剂用量要求清洗，即使难以清洗的区域，也不能一次使用大量清洗药剂，但可多次喷清洗药剂进行反复清洗。

（5）单刷机可用于家庭、办公室、商场、公共场所、体育运动场所等木地板的定期清洗，清洗频率依使用要求而定。建议家居场所1～2次/年，办公室场所4次/年，其他场所至少6次/年。

（6）单刷机清洗完成后，通常需要立即在涂漆和涂蜡的木地板表面再涂一层保养产品。使用涂油的保养产品为木地板补充油脂，在涂木蜡油的木地板上涂木蜡油保养产品。如果木地板表面及纹理清洗不干净，会导致保养产品的附着力降低，以及影响木地板表面的视觉效果。

（7）单刷机不能彻底清洗干净拉丝木地板和一些手抓纹的木地板，需要使用地板深度清洗机进行清洗。

技能4：使用地板深度清洗机清洗木地板

1. 工具和设备准备

地板深度清洗机、拖布、超细纤维毛巾、电缆、接线板、水桶、软质水管、量杯等。

2. 药剂准备

地板深度清洗药剂可以清洗使用所有保护药剂种类的木地板，是一种浓缩型清洗药剂。清洗使用不同保护药剂的木地板时，其稀释比例会有差异，需按照生产厂家的使用说明进行。清洗药剂用水稀释后灌入地板深度清洗机的水箱，即可开始清洗。地板深度清洗药剂的酸碱度为中性。

3. 操作步骤

步骤1：在对木地板进行深度清洗前，必须先对其进行干清洁、除尘，同时使用吸尘器对木地板缝隙进行吸尘。

步骤2：将地板深度清洗药剂按照生产厂家稀释配比要求用水稀释。

步骤3：将稀释后的地板深度清洗药剂灌入地板深度清洗机的水箱。

步骤4：将地板深度清洗机从运输状态调节到清洁状态。

步骤5：从房间的里边开始向外沿木地板铺装方向清洗。在地板深度清洗机处于移动状态时，将两个清洗滚刷放置到接触木地板表面状态，接触压力从小到大，机器同时喷出清洗药剂。在清洗木地板的过程中，要始终保持机器收集清洗废液的吸水装置处于运行状态。

推动地板深度清洗机行走到木地板的一端时，停止清洗滚刷的运行（如木地板表面很脏，可保持清洗滚刷处于运行状态），同时将机器向后拉，清洁服务师沿原路径倒退着行走，返回起点。清洗后的木地板表面基本是干的，如木地板表面有积水等情况出现，需要立即使用拖布和超细纤维毛巾擦干。

调整地板深度清洗机的位置，叠压之前清洗的部分区域，开始下一个区域的清洗，叠压宽度为10 cm。

根据生产厂家的要求，清洗药剂的用量通常为10 mL/m^2。

4. 质量要求和评价

（1）清洗后的木地板表面没有水印。

（2）逆光或沿着木地板铺装方向俯身倾斜观察时，其表面没有清洗痕迹，表面的光泽度基本一致。

（3）使用一块白色棉布、手绢或毛巾，在木地板表面用力擦拭，白色棉布表面没有任何颜色变化，如图4-49所示。

图 4-49　地板深度清洗机的清洗效果

5. 注意事项

（1）保护用的胶带黏性不宜过大，否则在揭胶带时会产生移胶，从而导致被保护物的表面污染，最好是选定一个品牌的胶带经过测试后再使用。

（2）地板深度清洗机准备停机时，需要保持机器静止后仍处于吸水状态 30～60 s。

（3）地板深度清洗机每次使用后，整个机器需要擦拭干净，将水箱、废液收集箱和滚刷用水清洗干净。

（4）地板深度清洗机在运输时需将清洗滚刷摘掉并单独放置，在运输时使用随机器带的大轮，小轮是工作轮。

（5）地板深度清洗机不但可以清洗室内木地板，还可以清洗户外木地板、硬质地板、弹性地板、瓷砖和水泥地面，如图 4-50 所示。清洗户外木地板时，所用清洗药剂与室内木地板的不一样，方法也有所差别，需要将户外木地板清洗药剂喷或刷在户外木地板表面，往地板深度清洗机的水箱直接灌水，下面的操作和清洗室内木地板的方法大致相同。

（6）在清洗木地板的过程中，处于清洗工作状态的滚刷严禁在任何位置停留，否则会有损伤木地板表面的风险；清洗滚刷处于清洗运行状态时，必须伴有清洗药剂或水的喷出。

清洗户外地板　　　　　清洗橡胶地板　　　　　清洗木地板

图 4-50　深度清洗机可以清洁多种地材

（7）清洗使用不同保护药剂的木地板，滚刷的质地会有区别，应按照生产厂家的说明区分使用。通常白色滚刷用于清洗漆面和蜡面的木地板，红色滚刷用于清洗油面和木蜡油面的木地板。

（8）如果某个区域的污物难以清洗，可以重复清洗几次。

（9）地板深度清洗机清洗不到的区域可用清洗药剂、拖布和超细纤维毛巾进行清洗。

（10）地板深度清洗机不能空转，即没有加入清洗药剂或水而只是清洗滚刷在运行，这样一方面会损毁机器，另一方面也会损伤木地板。

技能 5：使用打磨机清洁木地板

当木地板表面有很多涉及木质层的划伤或漆膜剥落时，污物就会侵入到木质层；木地板清洗不当，漆膜表面变锈；经过长时间（如家居木地板使用 10 年）使用，木地板表面出现破损；涂油或木蜡油的木地板缺乏正确的清洗保养，木地板表面保护药剂缺失，污物浸入木质层；打蜡木地板蜡的堆积太厚，木地板表面变花。需要进行打磨作业的木地板如图 4-51 所示。出现上述状况后，只有将木地板表面保护药剂及木质层的污物打磨掉，才能对木地板做到彻底清洁。打磨清洁完成后，木地板表面是平的，接下来可以做的是木地板的拉丝处理、染色处理，然后根据需要涂漆、涂油、涂木蜡油或蜡。

木质层划伤及颜色不一致

过度磨损

木质层划伤严重

表面变锈

木地板拱起变形

漆膜剥落木质层受损

凹坑

图 4-51 需要进行打磨作业的木地板

1. 工具准备

打磨砂带、砂盘、砂角、砂网、砂毡、砂纸、刮板、白色清洁垫、钻石砂盘。

2. 设备准备

履带式打磨机、鼓式打磨机、抛光机、边角打磨机、手持磨机、双气旋过滤吸尘器。

3. 操作步骤

步骤1：检查木地板表面是否有可以移动的家具、花盆等物体，必要时对其进行移动。地板表面伤害判定如图4-52所示。

已经很难修补，需更换地板　　　　　　　可修补

图4-52 地板表面伤害判定

步骤2：检查木地板表面是否有孔洞或腐烂的区域，如有相关区域，应先将腐烂的区域掏干净，用刮板或砂纸等刮或磨，使其露出新木茬，然后使用修补腻子填平，待孔洞中的腻子干燥后即可打磨。修补腻子完全干燥的时间取决于孔洞的深浅、室内气候条件以及产品本身在正常气候条件下所需的干燥时间。修补后的表面如图4-53所示。

步骤3：检查木地板是否松动，如有松动，需要采取措施，可用胶粘或木地板钉固定，如图4-54所示。检查木地板表面是否有钉子凸出来，如有，需要使用榔头和錾子将钉子砸进木地板里。

图 4-53　修补后的表面

图 4-54　敲入木地板钉以固定地板

将木地板上的地毯卷起,如有粘在地毯或地垫上的移胶需将其铲掉,如图 4-55 所示。

拆掉木地板上面的踢脚板、过门条、扣条、管道密封圈等,如图 4-56 所示。

对其他与木地板表面相连接的地面材料、木质墙板、门的下沿等做保护处理,如贴胶带、铺盖保护材料,如图 4-57 所示。

图 4-55　地毯收纳

步骤 4:将落地窗帘卷起并套上塑料袋,灯饰等也需套上塑料袋。

步骤 5:使用双气旋过滤吸尘器对木地板表面及缝隙进行吸尘,每一道吸尘轨迹叠压前一道 10 cm 的宽度。

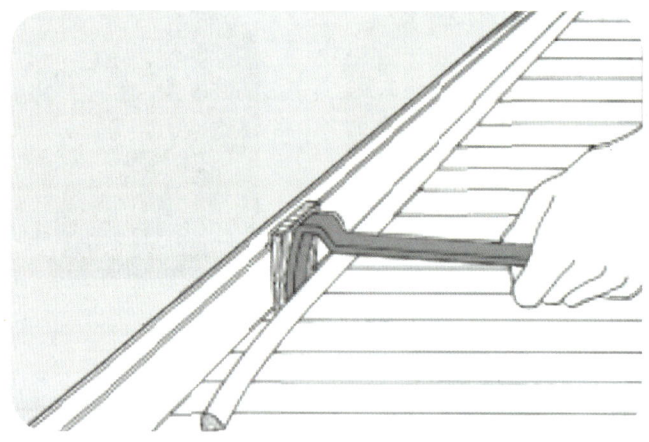

图 4-56 拆除踢脚板

图 4-57 粘贴胶带、铺盖保护材料

步骤 6：打开打磨机的前盖和侧盖，将 40 目打磨砂带安装到打磨机上；启动打磨机，观察打磨砂带是否处于打磨鼓的中间位置。如不是，则需要通过调节旋钮将其调到打磨鼓的中间位置，如图 4-58 所示。

向左调节砂带　　　　　　　　　粗调

第 4 章 木地板的清洁与保养

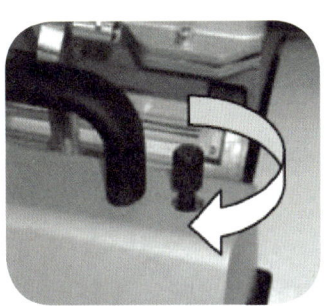
向右调节砂带

砂带位置

图 4-58 打磨机砂带调整示意

关掉打磨机电源,将打磨机的前盖和侧盖盖好并将打磨机推到打磨的起点;启动履带式或单鼓式打磨机开始打磨。初始打磨通常使用 40 目的砂带(如果木地板板块之间的高低差异非常大,可以使用 24 目的砂带)。

打磨时,在推动打磨机且打磨机已经开始移动时将打磨鼓缓慢地放下来,使其开始接触木地板表面,并推着打磨机沿表面匀速行走,以保证打磨得均匀,如图 4-59 所示。

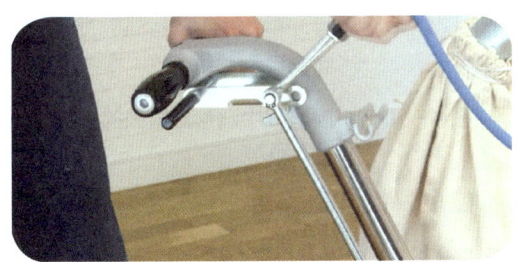
放下控制打磨鼓的操纵杆并抓紧手柄

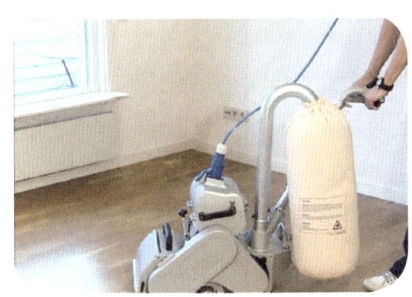
推动打磨机

打磨机开始移动

图 4-59 打磨机的移动

推着运转的打磨机走到靠近墙体、固定的立柱等位置,在打磨机距离 5 ~ 10 cm

时，操作机器把手，迅速将打磨鼓升起使其脱离木地板表面，同时沿原路径向后拉打磨机，在其开始移动时，操作机器将打磨鼓放下继续接触木地板表面，拉着机器沿原路径回到打磨起点，将打磨鼓升起脱离木地板表面，如图 4-60 所示。

提升打磨鼓离开木地板表面

向后拉打磨机

图 4-60 打磨过程中调整打磨鼓的方法

步骤 7：调整打磨机位置，继续打磨第二趟。后一趟打磨时，需要叠压前一趟打磨过的部分区域，以保证不会产生被漏掉的区域，如图 4-61 所示。

打磨完一块木地板 2/3 的区域后，将打磨机调转方向打磨另外 1/3 的区域，两个区域需要有一部分叠压打磨（叠压宽度为 60 ~ 90 cm），但每趟叠压区域间不要呈直线状，如图 4-62 所示。

在一块木地板上操作时，要从左向右一趟一趟地打磨；当使用履带式或单鼓式打磨机打磨直铺木地板时，可以沿着其铺装方向或与其铺装方向形成一定的夹角（15° 左右）进行打磨，如图 4-63 所示。

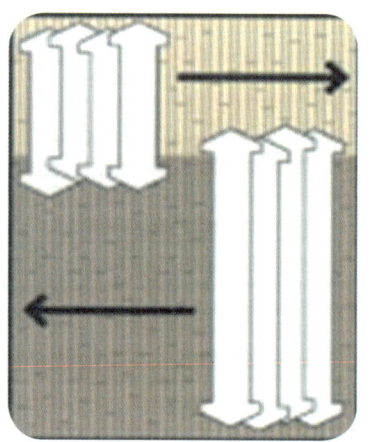

图 4-61 打磨机打磨路径

第 4 章 木地板的清洁与保养

图 4-62 打磨路径示意

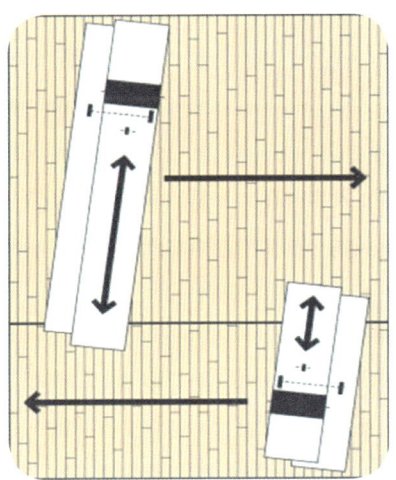

图 4-63 与铺装方向形成夹角打磨

> **相关链接**
>
> ### 不同花样地板打磨方向的区别
>
> 使用履带式或单鼓式打磨机打磨木地板时，打磨方向不能与木地板纹理方向垂直，否则会出现凹坑，如图 4-64 所示。
>
> 对于几何图案拼花木地板，打磨方向如图 4-65 所示。
>
> 有些艺术拼花木地板是呈不规则形状的，而且木地板板块非常小，打磨此类木地板表面最好使用抛光机；如果板块非常小的木地板之间高低差异很大，可以先用边角打磨机将其磨平；对于高低差异不是很大的，可使用抛光机和强力磨盘系统进行打磨，如图 4-66、图 4-67 所示。

相关链接

图 4-64 常规拼接木地板打磨方向

  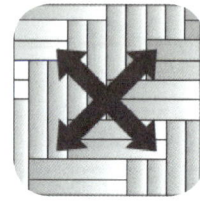 

席纹拼花　　　　人字拼花　　　　双人字拼花　　　立体几何图案

图 4-65 几何图案拼花木地板的打磨方向

图 4-66 用边角打磨机打磨艺术拼花木地板及效果

图 4-67 用抛光机打磨艺术拼花木地板

步骤8：使用边角打磨机打磨，如图4-68所示，初始砂盘可以使用40目或60目的，将木地板的边角区域或木质楼梯表面旧的保护药剂的高低差打磨掉，使其与其他区域保持平整。

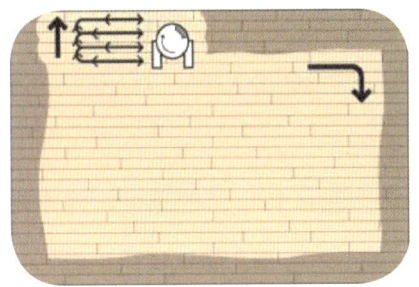 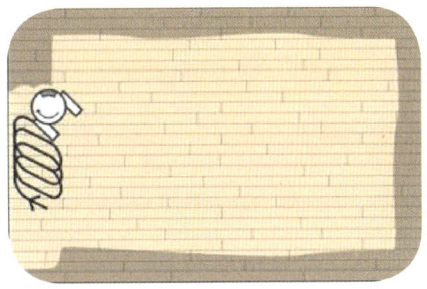

图4-68　边角打磨机打磨方向以及机器旋转方向

步骤9：使用双气旋过滤吸尘器对整个木地板表面进行吸尘，使用完毕后拔掉机器的电源插头。

步骤10：打开打磨机的前盖和侧盖，取下40目的砂带，如图4-69所示，换上60目的砂带。插上打磨机电源插头，启动打磨机，检查砂带是否处于打磨鼓的中间位置，如有偏差旋转调节旋钮，将打磨砂带调到打磨鼓的中间位置；关掉打磨机，盖好前盖和侧盖；将打磨机的打磨压力调整到中度的中挡位置。

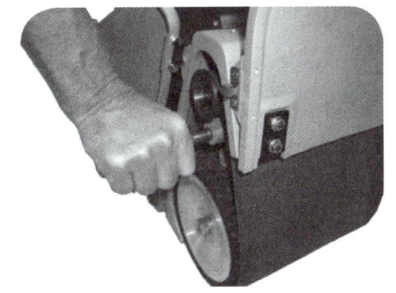

图4-69　打磨机更换砂带

启动打磨机，使用60目的砂带和履带式或单鼓式打磨机对木地板表面打磨，打磨掉40目砂带打磨时所产生的痕迹，方法和初始打磨时一样；使用60目的砂带打磨整个木地板表面，至少重复两次。总之，必须将木地板表面40目砂带打磨时产生的痕迹全部去除掉。

步骤11：使用双气旋过滤吸尘器对木地板表面进行吸尘。

步骤12：拔掉打磨机的电源插头，打开打磨机的前盖和侧盖，取下60目的砂带，换上80目的砂带；插上打磨机电源插头，启动打磨机，检查砂带是否处于打磨鼓的中间位置，如有偏差旋转调节旋钮，将打磨砂带调到打磨鼓的中间位置；关掉打磨机，盖好前盖和侧盖；将打磨机的打磨压力调整到轻度的高挡位置。

启动打磨机，使用 80 目的砂带和履带式或单鼓式打磨机对木地板表面进行打磨，打磨掉 60 目砂带打磨时所产生的痕迹，方法和初始打磨时一样；使用 80 目砂带打磨整个木地板表面，至少重复两次，总之，必须将木地板表面 60 目砂带打磨时产生的痕迹全部去除掉。

步骤 13：使用边角打磨机打磨，细磨砂盘可以使用 100 目的品类，将木地板的边角区域或木质楼梯表面 60 目砂盘打磨时产生的痕迹去除掉，使其保持平整，并与其他 80 目砂带打磨后的区域保持平整。

步骤 14：使用双气旋过滤吸尘器吸尘。

步骤 15：使用抛光机、白色清洁垫和 120 目的砂网，或抛光机和 120 目的砂盘对木地板表面进行抛光，从里向外，沿着木地板的铺装方向移动抛光机。

4. 质量要求和评价

木地板表面没有使用履带式或单鼓式打磨机打磨留下的痕迹，如凹坑、深的划痕（见图 4-70）。整个木地板表面平整光滑，如图 4-71 所示。

在打磨效果上要做到木地板表面没有边角打磨机或手持打磨机产生的一圈一圈的痕迹；履带式或单鼓式打磨机打磨区域与边角打磨机打磨的区域平整、平滑一致。打磨完木地板后，可以通过打磨机检测木地板表面是否平整：将打磨机的电源插头拔掉，装上一条用过的最细砂带，操作机器缓慢地将打磨鼓降到木地板表面，在木地板上呈对角线移动打磨机。注意打磨鼓是否进行上下运动，如向上运动时说明此处位置高（使用铅笔做标记），向下运动时说明此处位置低（使用铅笔做标记），如果打磨鼓上下运动得非常小说明已经打磨平整。

打磨时打磨鼓停顿所留下的凹坑

初始打磨痕迹没有去除

图 4-70 常见的打磨效果问题

图 4-71 符合质量要求的木地板打磨表面

打磨之前可以根据经验从细到粗选择砂带在木地板表面进行打磨测试,根据打磨效果选择最合适目数的砂带作为初始打磨砂带。

5. 作业前的注意事项

（1）木地板表面没有可以移动的家具、花盆等物体。

（2）检查木地板表面是否有孔洞或腐烂的区域，如有需要先将腐烂的区域掏干净，用刮刀或砂纸等刮或磨，露出新木茬，然后使用修补腻子将其填平，待孔洞中的腻子干燥后可打磨此处。修补腻子完全干燥的时间取决于孔洞的深浅、室内条件以及产品本身在正常气候条件下的干燥时间。

（3）检查木地板表面是否有松动，对于松动的木地板，需要采取措施固定，可用胶或木地板钉加以固定。

（4）检查木地板表面是否有钉子凸出来，如有，需使用榔头和錾子将钉子砸进木地板里。

（5）将木地板上的地毯、地垫等覆盖物移走后，如有粘在地毯或地垫上的移胶则需要铲掉。

（6）拆掉木地板上面的踢脚板、过门条、扣条、管道密封圈等。对其他与木地板表面相连接的地面材料、木质墙板、门的下沿等做保护处理，如贴胶带、铺盖保护材料。

（7）将落地窗帘卷起并套上塑料袋，地面的灯饰等其他装饰也需套上塑料袋。

（8）打磨前使用双气旋过滤吸尘器对木地板表面及木地板缝隙进行吸尘。

（9）抛光机的插头不要直接插在墙体的插座上，而应插到双气旋过滤吸尘器上面的插座上，当抛光机启动时，双气旋过滤吸尘器同时启动；抛光机关机停止操作时，双气旋过滤吸尘器会有十几秒的延时停机，以便将抛光机下方及吸尘管中的粉尘充分地吸入集尘袋内。

6. 打磨操作方法的选择

（1）选择打磨方向。可以从任意方向打磨木地板，但是最好是沿着木地板的铺装方向进行打磨，如图4-72所示。打磨时相邻区域需要叠压。

（2）选择打磨材料。对于旧木地板，初始砂盘可以选择36目或50目的陶瓷砂盘，如图4-73所示。通常需要将木地板表面旧的保护药剂全部打磨掉，并使整个木地板表面保持平整。

任意方向打磨

抛光机沿踢脚板打磨漆板

S形方向打磨

沿铺设方向直线打磨

图4-72 抛光机常见的移动方式

图4-73 抛光机打磨

常见材料的配合使用如下（见图4-74）：使用边角打磨机和60目的砂盘打磨边角区域，使用双气旋过滤吸尘器吸尘，使用抛光机和80目的砂盘打磨，使用边角打磨机和100目的砂盘打磨边角区域，使用双气旋过滤吸尘器吸尘，使用抛光机、白色清洁垫和120目的砂网对木地板表面进行抛光。

白色清洁垫和砂网

在抛光机上安装白色清洁垫和砂网

木地板表面抛光

图 4-74　更换打磨材料进行抛光

7. 作业时的注意事项

（1）保护用的胶带黏性不宜过大，否则在揭胶带时会产生移胶现象，从而导致被保护物的表面污染，最好是选定一个品牌的胶带经过测试后再使用。

（2）封闭空调的出风口。

（3）在使用履带式打磨机和单鼓式打磨机前，要检查电机与打磨鼓和洗尘装置之间传动皮带的松紧度是否合适。

（4）检查传动皮带是否完好、橡胶打磨鼓是否完好、轴承是否完好、电动机是否完好地紧固在基座上、吸尘的扇叶是否处于平衡状态、打磨机的轮子是否完好、电源线连接是否完好。如果上述中的任何一项出现问题都可能会导致打磨后的木地板表面出现斑马线或波浪纹的痕迹，如图 4-75 所示。如打磨时木地板上下和前后移动，也会产生斑马线或波浪纹痕迹。一旦出现这种情况，就需要使用打磨机以与痕迹成 45°角的方向将其去除。

（5）打磨时需要严格按照打磨步骤进行操作，砂带或砂盘的目数不能出现跳跃。例如，使用 40 目的砂带打磨完后，跳过 60 目砂带，而直接使用 80 目的砂带，就会导致 40 目的砂带打磨时产生的痕迹不能够完全被除掉。木地板打磨的质量是做好木地板表面保护药剂的基础，如果打磨质量不好，则会导致木地板表面粗糙，木地板表面的保护药剂也不能够很好地对其进行保护。

图 4-75　表面有波浪纹痕迹的木地板

如图 4-76 所示，从左到右分别是 40 目砂带、60 目砂带、80 目砂带打磨后的木地板表面，A 表示每种目数砂带所打磨的深度。

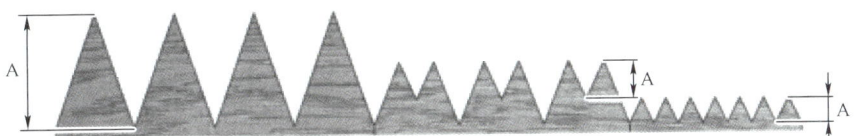

图 4-76　不同目数砂带打磨后的木地板表面

（6）使用边角打磨机打磨边角区域和楼梯时，不能对边角打磨机施加向下的压力，否则木地板表面会出现很深的圈痕。

（7）如果楼梯不够宽，可在施工前制作一个和楼梯一样大小、类似于凳子的木质平台，以便有足够大的空间放置边角打磨机；如果楼梯立面也需要进行打磨，可使用手持式打磨机进行打磨抛光。

（8）边角处高低差小，可减小边角打磨机的底盘与木地板之间的夹角，如图 4-77 中区域 A 为边角打磨机磨盘打磨的区域。

边角处高低差大，可加大边角打磨机的底盘与木地板之间的夹角，如图 4-77 中区域 B 为边角打磨机磨盘打磨的区域。

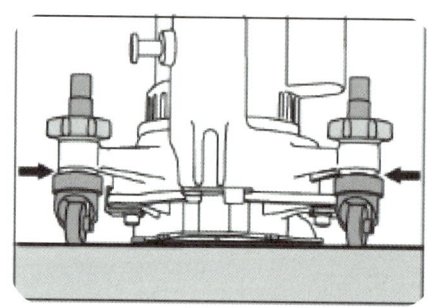
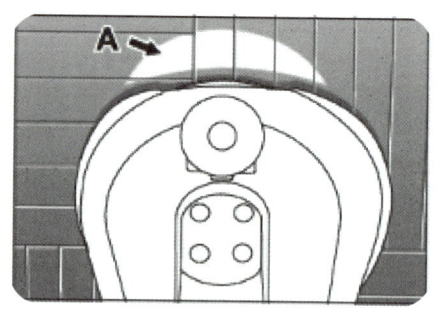

减小底盘与地板间夹角形成的打磨区域

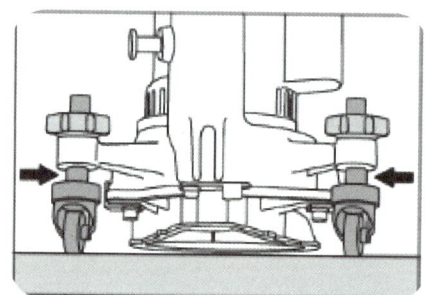
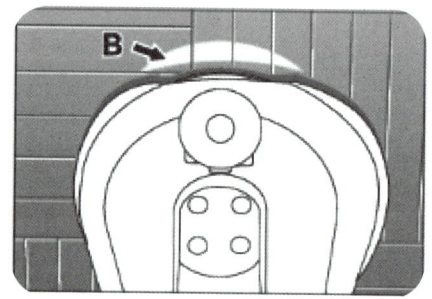

增大底盘与地板间夹角形成的打磨区域

图 4-77　底盘与地面夹角对打磨区域的影响

（9）当粉尘积累达到集尘袋标注的位置时，需及时倾倒打磨机集尘袋，打磨后的木屑需要收集到塑料袋中；如果在打磨时使用双气旋过滤吸尘器与履带式或单鼓式打磨机连接，应及时更换双气旋过滤吸尘器中的集尘袋，否则会影响打磨质量和粉尘控制效果，同时也会造成履带式打磨机或单鼓式打磨机的电机过热，影响其正常使用。

（10）当打磨涂油或涂木蜡油的木地板时，最好将打磨下来的木屑摊开在一块足够大的塑料布上放置一段时间，待木屑温度降低后再收集到塑料袋中，这样做的目的是避免高温引起木屑自燃。

（11）抛光机在抛光时必须套上密封圈并连接双气旋过滤吸尘器。

（12）木地板的瓦变通常是由于基层地板含水率超标，引起木地板上半部的含水率低、下半部含水率高导致的。在打磨之前需要了解基层地板含水率的状况、基层地板是否带有地采暖系统，木地板安装的时间、木地板自身的含水率等，以判断木地板的这种变形是否已经达到完全平衡状态，只有达到完全平衡状态后才可以进行打磨。对已经瓦变的木地板，打磨机需要沿着木地板的铺装方向进行粗打磨，如图4-78所示。

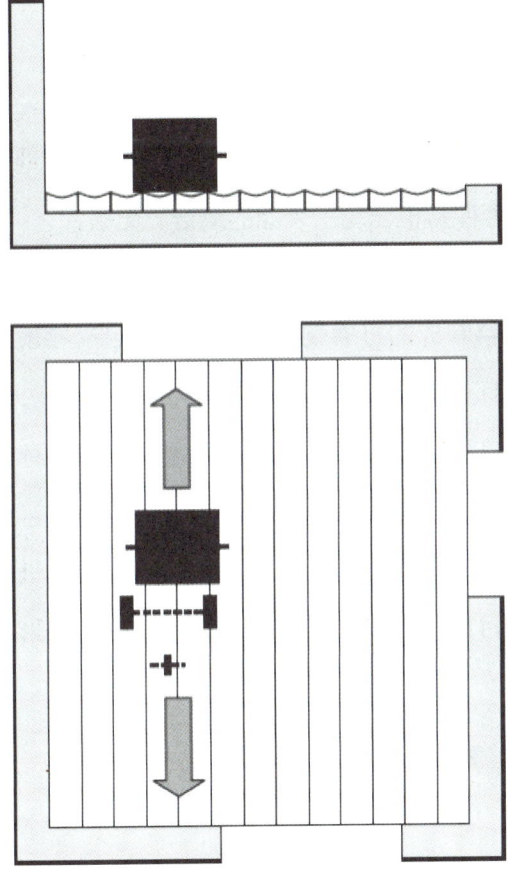

图4-78 瓦变木地板的打磨方向

（13）初始打磨砂带应尽可能地选用目数高的砂带或砂盘，以使打磨痕迹和被打磨的深度尽可能地小，同时提高打磨效率。

（14）使用履带式打磨机或单鼓式打磨机进行最后一遍的细打磨时，最好是沿着木地板的铺装方向打磨一遍。如果是拼花木地板，最好是沿着光线照射进房间的方向打磨一遍。

（15）边角打磨机的碳刷需要定期进行检查，当碳刷表面不够光滑时，需要使用细砂纸将其表面手工磨光滑，否则边角打磨机的电机会过热从而导致其不能正常工作。当碳刷的长度不足以使打磨机正常工作时，需要及时更换新碳刷；质量好的碳刷，使用寿命通常不会超过 5 000 h，碳刷需要两个同时更换。

（16）边角打磨机底盘的衬垫需要定期检查，如有破损等情况应立即更换，否则会影响打磨效果。

（17）履带式打磨机和单鼓式打磨机的三个轮子是工作轮，不是运输轮，只能在干净、平整、光滑的非工作地面上才可使用。如果轮子接触地面部分粘有污物等，会影响打磨质量，所以需要保持机器轮子表面的清洁、无破损。

（18）无论履带式打磨机还是单鼓式打磨机，最好在打磨时都不要碰到金属物质，否则有可能损伤橡胶材料制成的打磨鼓。另外，打磨金属物质会产生火花，当火花被吸进集尘袋，加之刚打磨下来的木屑也处于高温状态，会有起火的风险。

（19）边角打磨机最后一遍打磨下来的粉尘需要单独留存，用来和水性腻子搅拌后在木地板表面刮一遍，然后再抛光。

（20）当木地板表面的高低差不大时，可以使用抛光机进行打磨；三层实木复合木地板最好使用抛光机打磨；悬浮式安装的木地板和小面积形状不规则的木地板最好使用抛光机打磨。

相关链接

木地板含水率对打磨操作的影响

纯实木的木地板被水泡后，会发生木地板尺寸变形，如要打磨此类木地板，必须使用专业的木质材料含水率测量仪进行检测，只有当木地板的含水率达到当时气候条件下的正常值时才能打磨。被水泡过的木地板含水率是否达到正常值，在不同的气候条件下所需要的时间也不一样，有时可能会需要几个月的时间。

相关链接

木质材料含水率可以使用木质材料含水率测量仪（见图4-79）进行测定，在测量木地板含水率时，两个探针连线应与木地板的纹理方向保持垂直。

图4-79 木质材料含水率测量仪

木地板的渗水形变（见图4-80）一般经历表面水分下渗、地板瓦变、地板起拱这几个过程，且很难通过打磨操作得到解决。

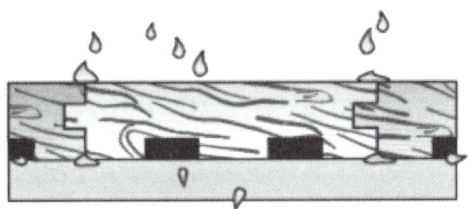

水从木地板表面或随基层地板的潮气上升进入木地板

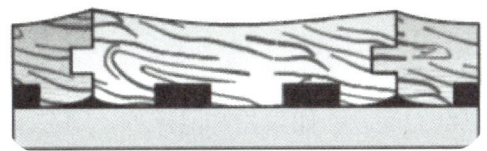

由于木地板上面比下面干得快，导致木地板出现瓦变

木地板经过打磨，表面变平

> **相关链接**
>
>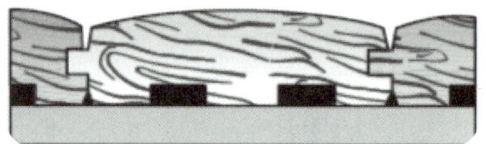
>
> 当木地板下面干燥变平后，表面变成拱起状
>
> 图 4-80　木地板含水造成变形的过程

综上所述，木地板的清洁应在保证清洁质量和效率以及不损伤木地板、不污染环境的前提和原则下，尽量节约材料、节省能源。打磨清洁应尽量把磨掉的木地板厚度降到最小以延长其使用年限。对于三层实木复合地板，只有在其表板厚度大于 3 mm，且没有瓦变、拱起的现象时，才可以做打磨清洁，而且最好使用抛光机。如果能了解到三层实木复合地板的品牌并向生产厂家咨询其技术参数则最好。多层实木复合地板一定不要做打磨清洁，因为其表板厚度通常仅为 0.6 mm，有表板被磨穿的风险。在进行打磨清洁时，有时会出现沿木材纹理方向的裂纹（打磨之前没有），这不是打磨所造成的。出现上述情况的原因包括：树木在生长过程中由于环境气候原因造成其本身发生内裂；木材在烘干时经历了从环境温湿度到烘干窑内高温湿度再到环境温湿度的变化，烘干工艺及过程的缺陷会造成木材内部的应力没有得到充分释放，导致木材内裂。

清洁工作是做好木地板保养的基础，湿清洁做不好会导致保养产品和聚氨酯水性漆与原有漆膜之间出现黏结力问题，如果是产品保养，则在木地板表面产生油泥现象。打磨清洁所产生的痕迹等在做完木地板保护药剂后会变得特别明显，如果是现场染色则会更加明显。

第 4 节 木地板的保养技能

一、漆面地板的保养

1. 聚氨酯漆保养

技能 1：日常磨损保养

1）清洗剂。清洗剂为水性聚氨酯漆稀释产品与蜡的混合物。

2）工具。工具主要是平板拖布和涂抹垫（见图 4-81）。

图 4-81　平板拖布和涂抹垫

3）操作步骤。在做此项施工前，木地板必须做过除尘以及清洗。

步骤 1：平端盛有聚氨酯产品的瓶子或桶，左右方向摇 60 s，将容器内的产品摇匀；将涂抹垫展开，并平贴在平板拖布上面；倒一些产品在涂抹垫上面，浸透涂抹垫；将产品倒在木地板表面，呈"之"字形。

步骤2：将拖布上的涂抹垫压在木地板上，沿木地板铺装方向拖动拖布，不要对拖布施加压力，走到尽头后将拖布转动90°并拉到准备涂抹的第二趟轨迹位置，用拖布在转弯的区域沿木地板铺装方向轻擦一下，然后开始第二趟的涂抹，此时需要叠压第一趟部分已涂区域，叠压宽度为5 cm。在每一趟涂抹的过程中，不能在中间的任何区域停顿，否则会产生痕迹。

如果是运动木地板，由于距离比较长，一位清洁服务师走一趟的用时比较长，为防止其干燥，可安排2~3位清洁服务师一起涂，如图4-82所示；在一个房间里要从里向外涂，整个房间一次完成，中间不能停下来，否则会有接痕；在涂聚氨酯稀释产品时，涂抹垫需要始终保持与木地板表面严密接触，以防气泡产生。

图4-82 涂抹施工

4）质量要求和评价。木地板表面光泽均匀，不能有接痕、涂抹痕迹；没有任何其他杂质混入聚氨酯稀释产品干燥后的表面，也没有气泡产生，如图4-83所示。

5）注意事项

①家居场所的木地板可以在做完除尘和"拖布+超细纤维毛巾+清洗药剂"模式

的湿清洗后,做此项保养施工,其他场所则必须在做完除尘以及"单刷机+绿色清洁垫+清洗药剂"模式或"深度清洗机+深度清洗药剂"模式的清洗施工后,做此项保养施工。

② 做完此项保养 1 天之内不能重踩踏,7 天内不要给木地板做湿清洁,不要在其上覆盖其他覆盖物。

③ 用于此项保养的产品通常具有防滑功能,满足关于运动木地板防滑的相关要求。

图 4-83 效果(漆板)

技能 2:漆面划痕保养

1)清洗剂。产品主要有漆膜处理药剂、软化双组分水性聚氨酯漆。

2)工具。工具主要包括电缆、水桶、软水管、平板拖布、超细纤维毛巾、胶带、刮板、320 目砂毡、刷子。

3)设备。设备主要是地板深度清洗机(见图 4-84)。

图 4-84 地板深度清洗机

4)操作步骤。在做漆面划伤保养前,已经对木地板做完除尘、"单刷机+绿色清洁垫＋清洗药剂＋白色棉布"模式清洗或地板深度清洗机的清洗。

步骤1：用喷壶将漆膜处理药剂喷在木地板表面；使用"抛光机＋白色清洁垫＋320目砂毡"模式或者"抛光机＋200目以上钻石砂盘"模式，沿木地板铺装方向对木地板表面进行精细抛光打磨，机器要平稳、匀速运行。

行进方向遵循从里向外的顺序，后一趟抛光打磨要叠压前一趟的部分区域，叠压宽度至少为10 cm。

步骤2：整块木地板全部抛光打磨完成后，使用地板深度清洗机和漆膜处理药剂将木地板表面打磨下来的漆沫清洗干净。将漆膜处理药剂加入地板深度清洗机的水箱，然后沿木地板铺装方向清洗，如有积水，需要使用清洁的超细纤维毛巾和平板拖布立即擦干。

步骤3：将整块木地板表面清洗干净，待其表面完全干燥，准备涂刷双组分水性聚氨酯漆。打开漆桶盖，将固化剂全部倒入漆桶并将其拧紧，平端漆桶，左右方向摇3 min，将漆和固化剂充分摇匀。涂漆可以使用滚筒，也可以使用刮板。使用滚筒涂漆步骤如下：打开已经摇好的漆桶，将随包装配置的过滤器插入桶口，将漆倒入一个容器内，放在准备涂漆区域的右侧，安装好滚筒支架和滚杆后，让滚筒在漆里滚动、浸透，然后准备涂漆。通常滚筒浸透一次漆，可以滚涂$1 \sim 1.2$ m^2；从房间里边向外涂，涂漆时滚筒支架处于右手一侧。

步骤4：沿与木地板垂直方向将滚筒上面的漆均匀地涂在木地板上面，然后沿木地板铺装方向从靠近涂漆者一端将滚筒轻放在已经布好漆的区域，在其上滚动滚筒到尽头并叠压之前涂过漆的区域，叠压宽度为20 cm左右，抬起滚筒，保持滚筒处于未旋转状态，然后将其轻放到木地板上并沿原路返回，在整个涂漆过程中，不要对滚筒施加向下的压力。如果滚筒没有经过抬起、停顿、处于静止状态、再放下这一过程，就会产生堆漆，或旋转的滚筒推开木地板表面时产生滚筒痕迹，如图4-85所示。使用刷子或水性漆边角刮板在边角处刷上漆，如图4-86所示。

第 4 章 木地板的清洁与保养

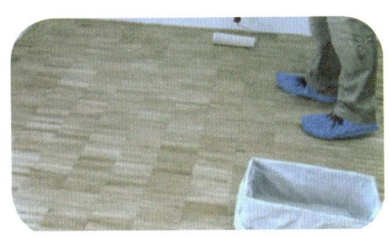
沿墙角方向布漆

垂直布漆方向涂漆

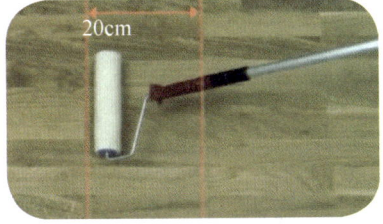
叠压 20 cm

抬起滚筒、停顿、放下、原路返回

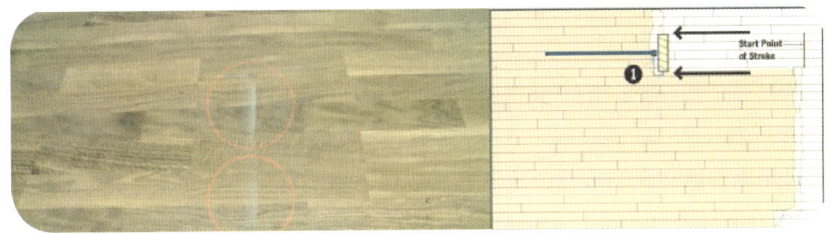
在地板长度 1/2 处堆漆

图 4-85　木地板上漆操作示意

图 4-86　刷子刷边

　　涂漆要从左向右、从里向外滚涂。滚一趟时该区域右侧保持一定的堆漆，以避免涂下一趟时出现接痕。如果是大面积的运动木地板等，则可以几个清洁服务师同时滚漆，其目的一是提高涂漆速度，二是防止接痕。单位面积的涂漆量需要按照厂家的技术要求执行。

> **相关链接**

刮 板 涂 漆

　　刮板涂漆时使用的是摇匀的水性聚氨酯漆，将漆沿墙边或木地板边缘处呈直线状倒在木地板上，使用水性漆边角刮板沿木地板铺装方向刮开（见图 4-87），不要对刮板施加向下的压力，整个边缘处刮好后，可开始使用水性漆刮板涂漆。

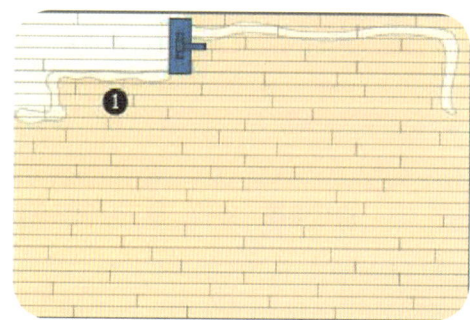 

图 4-87　将墙边的水性漆沿地板铺设方向刮开

　　沿已经用水性漆边角刮板涂过漆的区域边缘呈直线状倒漆，距离木地板的高度不超过 30 cm，以防止溅到涂过漆的木地板表面；将水性漆刮板倾斜至与木地板铺装方向成 75° 角，轻轻放置到木地板表面，在其接触到木地板表面的同时拖动刮板沿木地板方向移动，不要对刮板施加向下的压力。

　　刮板需要叠压已涂过漆的部分区域，宽度为 7～10 cm；木地板上所倒的一溜漆不超过整个刮板的 2/3 处，以防止在刮漆过程中漆从叠压刮过的那一端流过去，从而产生堆漆现象，如图 4-88 所示。

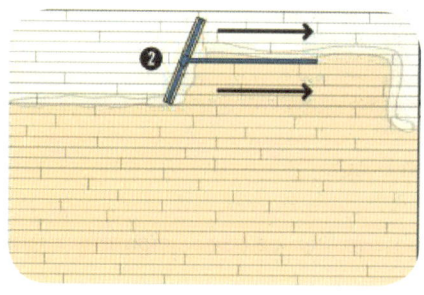 

图 4-88　叠压已涂漆部分进行刮拖

相关链接

拖动刮板移动到木地板边缘前 30 ~ 40 cm，将刮板转动 90° 角，并拉到下一趟准备刮漆的区域，然后将刮板手柄放置到与木地板呈 75° 角的状态，前后挤压刮板上面的水性漆，再回到之前的那一趟，从边缘处刮起，在刮板上的短毛接触到水性漆表面时，向前移动刮板，移动约 40 cm 时，缓慢抬起刮板，并保持刮板与地面平行，以防止刮板上的水性漆滴到已涂好漆的表面，造成堆漆。整个动作要连贯，一气呵成，从而保证漆膜干燥后不会有刮漆的痕迹，如图 4-89 所示。

图 4-89　刮板转角时刮板与手柄成 75° 角转直角

刮最后一趟漆时，需要将漆倒在清洁服务师和已经刮完漆的区域之间，倒漆量够涂 1 m² 即可，然后使刮板在木地板表面呈 S 形移动，将漆均匀地布在木地板上（见图 4-90），在清洁服务师与布好漆的区域之间即未布漆的区域挤掉刮板上的漆，再将刮板伸到已经刮完漆区域的上方叠压 20 cm，并轻轻把刮板放到木地板上面，在刮板上面的短毛接触到漆的表面时向清洁服务师方向拖动刮板，每次刮的距离为 1 ~ 1.2 m，一直到门口，以距离木地板边缘 20 cm 左右为宜。

使用边角刮板将门口处的区域刮好。边角刮板的使用方法与刮板一样，如有多余的漆，要用刮板将其一点一点地刮到塑料袋中，如图 4-91 所示。

相关链接

图 4-90　最后一趟刮漆时保持 S 形的线路

图 4-91　对门口部分进行刮漆，将多余的漆回收到塑料袋中

5）质量要求和评价。漆膜表面光泽度均匀，厚度一致；没有堆漆、气泡、针孔、橘皮状隆起、白点、接痕、杂质，如图 4-92 所示。

6）注意事项

①保护用的胶带黏性不宜过大，否则在揭胶带时会产生移胶，从而导致被保护物的表面污染，最好是选定一个品牌的胶带经过测试后再使用。

②温度高、湿度低时，按照单位面积涂漆量的高值涂抹，以防止产生气泡、接痕、橘皮状隆起等现象。

图 4-92 木地板漆面划痕保养效果

③温度低、湿度大时,按照单位面积涂漆量的低值涂抹,以防止漆膜干燥后产生白点。

技能 3:木质层划伤保养

1)清洗剂

水性丙烯酸底漆:具有很好的渗透性,能增加面漆与木地板之间的黏结力。

水性聚氨酯底漆:使用油性染色剂给木地板染色后,需要涂水性聚氨酯底漆,以保持良好的附着力,不能使用水性丙烯酸底漆。

水性聚氨酯面漆:具有很好的耐磨、耐刮、耐擦、抗化学腐蚀、防滑、阻燃、环保等性能,包括单组分和双组分两种。

水性腻子:用于和最细的边角打磨机打磨下来的木屑搅拌,然后将其在整块木地板上刮一遍,一个作用是封闭木地板的缝隙(2 mm 以内),另一个作用是封闭木材表面的鬃眼。

染色剂:油性染色剂。

> **相关链接**
>
> **根据不同场所选择不同耐磨度**
>
> 家居场所：轻度耐磨。
>
> 小型办公室：中度耐磨。
>
> 大型办公室和运动场所：中度耐磨和重度耐磨之间。
>
> 商场、公共场所：重度耐磨。

2）工具（见图4-93、图4-94）。工具主要包括：白色清洁垫、红色清洁垫、120目或150目的砂网、320目砂毡、150目砂角、白色棉布、塑料桶、滚筒、刷子、刮板、拖布、超细纤维毛巾。

图4-93　320目砂毡和150目砂角

图4-94　刮板、塑料桶

3）设备准备。设备主要有双气旋过滤吸尘器、抛光机。

4）操作步骤。通过打磨清洁施工，将整块木地板表面处理得干净平整并露出新木茬，最后一遍的细打磨到80目。

步骤1：使用双气旋过滤吸尘器对整块木地板进行吸尘。

步骤2：将盛水性腻子的桶平端，左右方向摇3 min，充分摇匀。

步骤3：将边角打磨机最后一道砂盘打磨下来的木屑放入塑料桶中，加入水性腻子，使用搅拌棒搅至均匀，黏稠度以搅拌时搅拌棒略有迟滞感即可。

步骤4：使用刮板在木地板上满刮腻子，如图4-95所示。

第 4 章 木地板的清洁与保养

刮腻子

未刮腻子

已刮腻子

图 4-95 腻子作用前后对比

步骤 5：等待 30 ~ 60 min，待腻子表面干燥，使用抛光机、白色清洁垫、120 目砂网对木地板表面的腻子进行抛光。抛光时抛光机需要和双气旋过滤吸尘器进行连接。必须将木地板表面的腻子抛干净，否则会影响涂漆后的视觉效果，如果接下来还要对木地板进行染色，则带有腻子的区域会染不上颜色。

步骤 6：对抛光机抛不到的边角区域使用 150 目以上砂纸和手持式抛光机进行抛光，如图 4-96 所示。

图 4-96 腻子抛光

步骤 7：整块木地板的抛光全部完成后，使用双气旋过滤吸尘器进行吸尘，然后用微纤维除尘垫和平板拖布除尘，直到在超细纤维毛巾上看不到抛下来粉尘。

步骤 8：可以选择给木地板进行染色，如果不染色可直接涂底漆，如图 4-97 所示。

木地板染色：打开罐装染色剂的盖子，使用搅拌棒搅至均匀；如果一罐染色剂不够染整块木地板，则需要将几罐染色剂倒在一个足够大的容器内进行搅拌。如染色时间长，还需要不断地搅拌。

图 4-97 涂底漆

将搅拌好的染色剂倒在红色清洁垫的圆孔中，如图 4-98 所示，每次用量不要超过 100 mL，启动机器时应尽量保持和墙体或其他地面材料有 30 cm 的距离。

将抛光机压在红色清洁垫上，红色清洁垫需要压正，保持清洁垫和抛光机处于同心圆状态，如图 4-99 所示。

图 4-98 倒入染色剂

启动抛光机，沿木地板铺装方向匀速移动抛光机，给木地板染色，如图 4-100 所示。对抛光机染不到的区域，可通过手工染色。用红色清洁垫的一角，蘸少许染色剂手工染色。

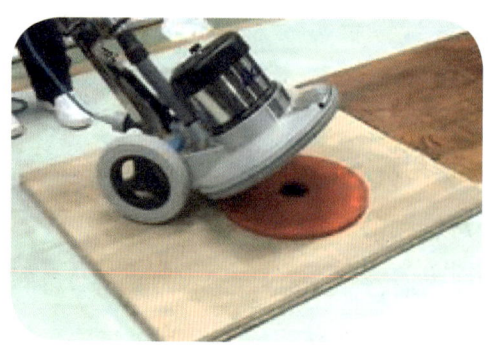 

图 4-99 将抛光机对准清洁垫并将其压住　　图 4-100 抛光机以 S 形路线对地板进行染色

整块木地板染完后,需让颜色渗透,等待 30 ~ 60 min,使用"白色清洁垫 + 白色棉布 + 抛光机"模式对木地板表面进行抛光,如图 4-101 所示,将木地板表面多余的颜色清干净;对抛光机清除不到的区域,需用手工清除,使用白色棉布用力擦拭。

图 4-101　用白色清洁垫、白色棉布配合抛光机进行抛光

染色用过的红色清洁垫和白色棉布要立即放在塑料桶里用水浸泡或放在密闭的金属容器内,以防止其自燃。

步骤 9:等待染色剂干燥需要 24 ~ 48 h,然后用抛光机和红色清洁垫对木地板表面再次抛光,清除木地板表面多余的染色剂;对抛光机抛不到的区域,使用红色清洁垫的一角进行手工抛色;然后使用"抛光机 + 白色毡垫 + 白色棉布"模式继续对木地板表面进行抛光,直到白色棉布表面没有颜色变化;对抛光机抛不到的区域,使用白色棉布手工抛色。

步骤 10:使用超细纤维毛巾和平板拖布对木地板表面进行除尘清洁。

步骤 11:准备涂水性聚氨酯底漆。平端漆桶,左右方向摇 3 min,充分摇匀;使用滚筒涂漆,用量按照单位面积用量的上限值;边角处使用刷子涂漆。

步骤 12:等待底漆表面干燥,需要 2 ~ 3 h(如果是南方的梅雨季节,可能需要一整天的时间,可采取空调抽湿,以降低室内的空气湿度),然后对底漆进行抛光。使用"抛光机 + 白色清洁垫 +320 目砂毡 +150 目砂角"模式抛光底漆,抛光机需要连上双气旋过滤吸尘器。

步骤13：对抛光机抛不到的区域使用手持磨机抛光。

步骤14：使用双气旋过滤吸尘器对整个木地板进行吸尘。

步骤15：使用超细纤维毛巾和平板拖布继续除尘，直到超细纤维毛巾上看不到漆沫。

步骤16：准备涂面漆，根据不同场所选用不同耐磨度的面漆。

步骤17：涂完第一遍面漆等待表面干燥，时间需要 3~4 h；使用"抛光机 + 白色清洁垫 +320 目砂毡 +150 目砂角"模式抛光第一遍面漆，抛光机需要连上双气旋过滤吸尘器。

步骤18：对抛光机抛不到的区域使用手持磨机抛光。

步骤19：使用双气旋过滤吸尘器对整个木地板进行吸尘。

步骤20：使用超细纤维毛巾和平板拖布继续除尘，直到超细纤维毛巾上看不到漆沫。涂第二遍面漆。

第二遍面漆完成，如有需要，再次执行抛面漆清洁工作，完成后涂第三遍面漆。

5）质量要求和评价。涂完最后一遍面漆并完全干燥后，整块木地板表面光泽度一致，漆膜的丰满度一致，不可出现以下情况。

木地板上面的漆膜有杂质，如图 4-102 所示。

刷子或滚筒掉毛　　　　　　　涂漆前砂纸沙砾没有清除干净

图 4-102　漆膜内常见杂质形式

木地板漆膜上有刷子刷痕、滚筒滚痕、刮板刮痕，如图 4-103 所示。

刷子刷痕

刮板刮痕

图 4-103　漆面划痕类型与成因

木地板漆膜上有气泡、橘皮状隆起等，如图 4-104 所示。

气泡

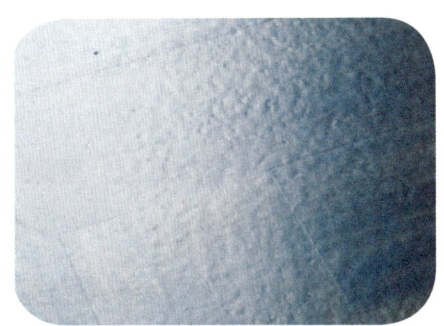
橘皮状隆起

图 4-104　漆面隆起现象

俯视木地板漆膜，看不见有与其他区域不一样的浅色圆点；木地板染色均匀，如图 4-105 所示。木材因为锯切的方法不一样，心材和边材以及阳面材和阴面材的因素，木材自身纹理上的差异等，都会导致木材本身颜色不一致，染色后的整块木地板也会有颜色差异，这些都是正常现象，不属于染色不均匀。

6）注意事项

①涂漆时的最佳温度、湿度

温度：18 ~ 25 ℃。

空气相对湿度：30% ~ 60%。

打磨涂漆前

打磨涂漆后

图 4-105　涂漆前后对比

涂漆施工的最低温度：13 ℃。

水性漆的储存运输温度：大于 5 ℃。

②水性漆里含有消泡剂、流平剂、增加漆膜光泽度的亮光剂、降低漆膜光泽度的哑光剂，水性漆涂在木地板表面时，需要时间流平、消泡。而当室内温度高、空气相对湿度低时，涂在木地板表面的水性漆会干得很快，导致水性漆在还没有完全流平、消泡的状态下已经表面干燥，从而产生橘皮状隆起、气泡、针孔；而当室内温度低、空气相对湿度高时，涂在木地板表面的水性漆干得很慢，造成水性漆里的亮光剂或哑光剂沉淀，从而导致漆膜光泽度不均匀，出现圆点，同时还会使木材的木刺胀得更明显，在抛底漆时需要将其完全抛掉，否则最后的漆膜会产生很多麻点，如图 4-106 所示。

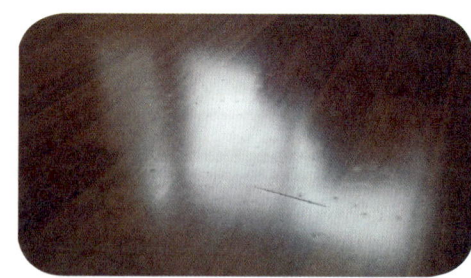

图 4-106　涂漆过后产生的麻点

③涂漆要从左向右一趟一趟地涂，滚筒支架应处于右侧，这样就不会产生堆漆，否则视觉上堆漆的区域要比别的区域更亮。

④涂漆前不仅要对木地板表面除尘，还要对所有可能落有灰尘的区域进行除尘，如窗台、墙上插座的上沿等。

⑤涂完最后一遍面漆后，需7～8 h后才可以轻踏，24 h后可以摆放家具，7天之内不能对木地板进行湿清洁，不能在木地板上盖覆盖物。

2. 蜡保养

涂蜡的木地板和使用蜡保养的木地板是有区别的。涂蜡的木地板一般是指未涂漆的木地板安装完成并经过打磨后，在表面涂一层蜡。在木地板漆出现后，随着近几十年的发展，给木地板直接涂蜡的做法比较少了；使用蜡保养木地板，通常是指木地板安装好后，为了保护其表面的漆膜，在上面打一层蜡。

涂蜡的木地板如果出现严重划伤，就只能通过打磨清洁，然后涂木地板涂料加以改善；如果涂蜡的木地板经过清洗，然后再重新涂一遍蜡，那么表面可能会产生很多痕迹，使木地板表面变花，因此不建议做此项施工。

对于使用蜡保养过的木地板，无论在上面涂什么样的保养产品，都不会有很好的附着力，因此，这类木地板需要重新保养时只能采取两种办法：一种是通过打磨清洁，然后涂木地板保护药剂，这已经在本书其他部分讲过；另一种是除掉木地板表面的蜡，然后重新涂保养产品，下面介绍整个工艺流程。

（1）清洗剂

1）除蜡药剂。除蜡药剂是一种即开即用型产品，通过抛光机和除蜡针盘的配合，使用除蜡药剂起下木地板表面的蜡，使蜡从附着在木地板表面的状态变为堆积在木地板表面的状态。对于拉丝木地板，其沟槽里的蜡也能够被起下来。

2）漂洗药剂。漂洗药剂是一种浓缩型产品，使用前要按照生产厂家说明用水稀释，用于清走除蜡药剂起下来的蜡，需要地板深度清洗机配合进行漂洗。

3）蜡。蜡属于早期木地板保护药剂和保养产品。在木地板漆没有出现之前，蜡被用作木地板的保护药剂，之后又延伸出蜡质保养产品。一方面没有任何保护药剂和保养产品能够直接涂在蜡上面，即使是蜡本身也不行；另一方面，除蜡是一项复杂且困难的工作，而且不能保证 100% 被清除干净，还有会损伤木地板的风险，如除不净旧蜡，再涂保养产品，还会有新保养产品与旧蜡间黏结力的问题。所以，对蜡的使用应采取谨慎的态度。

（2）工具

工具主要包括除蜡针盘、超细纤维毛巾和平板拖布（见图 4-107、图 4-108）、水桶、200 目以上的砂纸、滚筒。

图 4-107　除蜡针盘

图 4-108　超细纤维毛巾和平板拖布

（3）设备

设备主要有抛光机、地板深度清洗机。

（4）操作步骤

步骤 1：贴保护胶带，保护胶带黏性不宜过大，否则在揭胶带时会产生移胶，从而导致被保护物的表面污染，最好是选定一个品牌的胶带经过测试后再使用。

步骤 2：垂直于木地板铺装方向将除蜡药剂呈线状倒在木地板上，宽度为 10 cm，如图 4-109 所示。

步骤 3：滚动滚筒浸满除蜡药剂，将除蜡药剂沿铺装方向均匀地涂在木地板表面，如图 4-110 所示。一次涂的距离为 1 ~ 1.2 m，面积不超过 20 m^2，单位面积用量按照生产厂家的技术参数执行。

图 4-109　线状倒除蜡药剂

图 4-110 沿地板铺装方向涂除蜡剂

步骤 4：使用抛光机和除蜡针盘在涂过除蜡药剂的区域内进行除蜡，如图 4-111 所示。

图 4-111 抛光机配合除蜡针盘对涂过药剂的区域进行除蜡

步骤 5：抛光机除不到的区域，用 200 目以上的砂纸进行手工除蜡，如图 4-112 所示。

图 4-112 对边角等抛光机除不到的区域进行手工除蜡

步骤 6：从除蜡药剂被涂到木地板上，到使用地板深度清洗机和漂洗药剂进行漂洗，须在 20 min 内完成，否则被除下来的蜡又会重新附着在木地板表面，如图 4-113 所示。

图 4-113　地板深度清洗机对起蜡后的地板进行漂洗

步骤 7：对地板深度清洗机漂洗不到的区域使用橡胶刮板和超细纤维毛巾清洗，如图 4-114 所示。

图 4-114　用其他工具清洁深度清洗机无法漂洗的区域

步骤 8：以上步骤完成后，还需要检测木地板表面是否有未除净的蜡，可用硬币在木地板表面进行刮拭，如果还能刮下一些蜡屑，就需要重复上述除蜡操作。

步骤 9：确认整块木地板表面的蜡被完全除掉后，可以使用漆面木地板保养产品或打蜡；如果准备涂双组分水性聚氨酯漆，需要使用"320 目的砂毡 + 白色清洁垫 + 抛光机"模式对木地板表面进行一次抛光（如准备使用钻石磨盘打磨抛光，需要至少等待 48 h），清洁干净后即可涂漆。

（5）**质量要求和评价**

木地板表面的蜡被完全清除干净，漆膜没有被损伤。

（6）注意事项

1）漂洗药剂虽然具有很好的清洗功能，但不能用它直接漂洗未涂蜡的木地板，否则会有损坏木地板的风险。

2）所有工具、材料和机器设备如放置在木地板或其他地面材料上，需要铺设保护材料，不用的工具、材料和机器设备需要及时清洗干净。

3）抛光机针盘的最佳转速为 175 r/min。

4）对于木地板除蜡，如有可能，最好应先了解蜡的品牌，向生产厂家了解除掉该蜡的药剂、方法、工艺。

二、油面地板的保养

技能 1：自然油的浅层保养

（1）药剂

药剂主要是指木地板涂油表面保养剂。

（2）工具和设备

工具与设备主要包括橡胶刮板、红色清洁垫、水桶、软质水管、白色棉布、手套、抛光机。

（3）操作步骤

步骤 1：贴保护用胶带，保护用的胶带黏性不宜过大，否则在揭胶带时会产生移胶，从而导致被保护物的表面污染，最好是选定一个品牌的胶带经过测试后再使用。

步骤 2：将红色清洁垫用白色棉布包裹好，倒入不超过 100 mL 的油面保养剂在红色清洁垫中间的圆孔中，抛光机压在红色清洁垫上，启动抛光机从里向外给木地板涂油面保养剂，如图 4-115 所示。抛光机沿着木地板的铺装方向或阳光照射进房间的方向匀速移动。抛光机不能涂到的区域，使用一块红色清洁垫进行手工涂油。由于每一块木地板在吸油方面都会有一些差异，所以在整块木地板涂完油后，对于明显比较干的表面再手工多涂一些油。

图 4-115　利用红色清洁垫进行油面保养剂处理

步骤 3：整块木地板涂完油后，等待 1 h，再使用红色清洁垫和抛光机对整个木地板表面进行抛光。

步骤 4：使用白色棉布包裹好白色清洁垫，抛光机压在白色清洁垫上面继续对木地板表面抛光，直到其表面没有一点浮油。

步骤 5：整个涂油面保养剂的工作完成后，通常需要 12 h 才可以踩踏木地板，具体数据可从生产厂家获得。

（4）质量要求和评价

木地板表面基本没有光泽，也没有发亮的区域，否则说明木地板表面的浮油没有被抛干净。

（5）注意事项

所有浸过油的红色清洁垫、白色棉布、手套等，使用后，应放在水桶里用水浸泡或放在密闭的金属容器内，以防止自燃。

技能 2：自然油的深层保养

自然油的深层保养是对涂油表面木地板重新涂上自然油。

在对涂油表面木地板做完单刷机清洗或地板深度清洗机清洗后，往往会发现木地板表面有一些痕迹是不能清洗下去的，这是因为一些污液已经渗透到木质层，在木地板未被彻底清洗干净前不能被发现。如果不做处理，将来木地板表面就会有很多印迹，涂完油面保养剂后会更加明显。只有使用非常细的砂纸才能够将这些印迹除掉，木地板表面上的浅划痕也可以被抛掉。这种施工通常会将木地板表面抛光到素板，但又与打磨清洁有些差异，它不解决木地板存在的高低差异问题，因此，所有涂油表面的实木地板、三层实木复合地板和大部分多层实木复合地板都可以做此项施工。在对木地板进行抛光时先从目数高的 320 目砂毡开始，如果能够将这些印记抛掉，就将整块木地板都用 320 目砂毡进行抛光；如果 320 目砂毡不能完全抛掉这些印迹，则再选用 150 目砂网进行抛光，以抛掉这些印迹。

（1）药剂

药剂是自然油。

（2）工具

工具包括橡胶刮板、红色清洁垫、白色清洁垫、150 目砂网、320 目砂毡、白色棉布、塑料桶、软质水管、手套。

（3）设备

设备有抛光机、双气旋过滤吸尘器。

（4）操作步骤

本保养适用于已经使用单刷机或地板深度清洗机清洗过的木地板。

步骤 1：使用抛光机和 320 目砂毡或 150 目砂网对木地板进行抛光，直到将其表面的痕迹抛掉，抛光时抛光机需要连接双气旋过滤吸尘器。

对于拉丝木地板，可使用盘刷对其沟槽进行抛光，抛光时需要连接双气旋过滤吸尘器。

步骤 2：使用双气旋过滤吸尘器、抛光机配盘刷（用于拉丝木地板沟槽的精细干清洁）、超细纤维毛巾和平板拖布进行除尘。

步骤 3：将自然油倒在木地板表面，一次不超过 0.5 L，使用橡胶刮板将油在整块木地板表面刮开布满，如图 4-116 所示；等待 15 min，在木地板上再刮一次油，如有必要，可刮第三遍，直到木地板不再吸收油。

步骤 4：使用抛光机和红色清洁垫对木地板进行抛光。

步骤 5：使用抛光机和白色清洁垫、白色棉布对木地板进行抛光，直到将木地板表面的浮油全部清除干净，抛光机抛不到的区域采用手工清洁，如图 4-117 所示。

图 4-116　刮油处理

图 4-117　用抛光机、白色清洁垫和白色棉布对抛光后的地面进行再抛光

步骤 6：6～18 h 后，再次使用抛光机和红色清洁垫对木地板进行抛光。

步骤 7：使用抛光机、白色清洁垫和白色棉布对木地板进行抛光，直到木地板表面没有任何亮光区域。

干燥 24 h 后地板可以踩踏，48 h 后摆放家具，一周后可以在木地板上铺设覆盖物和进行湿清洁。

所有浸过自然油的用品，用完后都应放在塑料桶里用水浸泡或放置在密闭的金属容器里。

（5）质量要求和评价

木地板表面看不到任何亮光区域，也没有任何痕迹。

（6）注意事项

保护用的胶带黏性不宜过大，否则在揭胶带时会产生移胶，从而导致被保护物的表面污染，最好是选定一个品牌的胶带经过测试后再使用。

三、木蜡油地板的保养

技能1：木蜡油的浅层保养

（1）药剂

药剂是木蜡油保养剂。

（2）工具

工具包括白色清洁垫、白色棉布、平板拖布、涂抹垫、手套。

（3）设备

设备是抛光机。

（4）操作步骤

步骤1：将木蜡油保养剂倒在木地板表面，沿木地板铺装方向使用平板拖布和涂抹垫将其涂匀。

步骤2：等待2h，待木蜡油保养剂表面干燥，然后使用抛光机和白色清洁垫或白色棉布对木地板表面进行抛光，这样可以得到一个更光亮的效果，如图4-118所示。

图4-118　抛光后的地板

步骤3：对所有抛光机抛不到的区域，采用手工操作。

（5）质量要求和评价

木地板表面光泽度保持一致，没有任何木蜡油保养剂的堆积。

（6）注意事项

保护用的胶带黏性不宜过大，否则在揭胶带时会产生移胶，从而导致被保护物的表面污染，最好是选定一个品牌的胶带经过测试后再使用。所有接触过木蜡油保养剂的白色清洁垫、白色棉布和手套，用完后都应立即放在塑料桶里用水浸泡或放置在密闭的金属容器里。

技能 2：木蜡油的深层保养

木蜡油的深层保养是对涂木蜡油表面木地板重新涂上木蜡油。

在对涂木蜡油表面木地板做完单刷机清洗或地板深度清洗机清洗后，有时会发现木地板表面有一些痕迹是不能清洗下去的，这是因为一些污液已经渗透到木质层，在木地板未被彻底清洗干净前不能被发现。如果不做处理，将来木地板表面就会有很多印迹，涂完木蜡油保养剂后会更加明显。只有使用非常细的砂纸才能够将这些印迹抛掉，木地板表面上的浅划痕也可以被抛掉。这种施工通常会将木地板表面抛光到素板，但又与打磨清洁有些差异，它不解决木地板存在的高低差异问题，因此，所有涂木蜡油表面的实木地板、三层实木复合地板和大部分多层实木复合地板都可以做此项施工。在对木地板进行抛光时使用 150 目砂网，可抛掉这些印迹。

（1）药剂

药剂是木蜡油。

（2）工具

工具包括白色清洁垫、150 目砂网、盘刷、超细纤维毛巾、平板拖布、短毛滚筒。

（3）设备

设备有抛光机、双气旋过滤吸尘器。

（4）操作步骤

本养护方法适用于已经使用单刷机或地板深度清洗机清洗过的木地板。

步骤1：使用抛光机配150目砂网对木地板进行抛光，直到将其表面的痕迹抛掉，抛光时抛光机需要连接双气旋过滤吸尘器。对于拉丝木地板，可使用盘刷对其沟槽进行抛光，抛光时需要连接双气旋过滤吸尘器。

步骤2：使用双气旋过滤吸尘器、抛光机配盘刷（用于拉丝木地板沟槽的精细干清洁）、超细纤维毛巾和平板拖布进行除尘。

步骤3：使用短毛滚筒涂木蜡油，在木地板表面沿铺装方向均匀涂抹，等待6~8h后涂第二遍。18h后可以轻度使用。

（5）质量要求和评价

木地板表面光泽度一致，没有木蜡油堆积，也没有任何痕迹。

（6）注意事项

保护用的胶带黏性不宜过大，否则在揭胶带时会产生移胶，从而导致被保护物的表面污染，最好是选定一个品牌的胶带经过测试后再使用。所有接触过木蜡油的短毛滚筒和手套，用完后都应立即放在塑料桶里用水浸泡或放置在密闭的金属容器里。

四、木地板保养预防注意事项

1. 防止表面划伤

房间门口放置脚垫，门口外一块，门口内一块；家具腿下安置保护垫；家居场所进门后换上软质鞋底的鞋；运动场所要求进入场地的人员穿运动鞋；在体育馆的运动木地板上举办非运动活动前，对木地板采取保护措施，铺设合适的保护垫；使用正确的工具和方法对木地板进行定期除尘。

2. 防止表面污染

（1）不使用橡胶材质的家具腿保护垫，而使用布或亚麻等材质的保护垫。

（2）定期除尘。

（3）污物掉在木地板上后要及时使用超细纤维毛巾和平板拖布擦干净。

（4）定期使用木地板专用清洗药剂、超细纤维毛巾和平板拖布做日常清洁，定期使用正确的保养剂对木地板进行日常保养，定期使用清洗药剂、单刷机或地板深度清洗机进行专业的深度清洗，定期使用正确的保养剂对木地板进行专业的保养，定期对划伤的木地板漆膜重涂专业的木地板保护涂料，定期对木地板进行专业的打磨清洁并重涂木地板保护药剂。

（5）不使用溶剂型或煤油等非环保产品清洗木地板。

（6）对木地板进行除蜡时，要选择正确的除蜡和漂洗药剂以及正确的工艺和施工方法。

3. 防止变形和开裂

（1）安装时测量基层地板含水率，水泥地板含水率小于2.0%，带有地采暖的水泥地板含水率小于1.8%。保持室内温度为18～22 ℃，空气相对湿度为30%～60%。

（2）清洗木地板时要尽量降低液态清洗药剂的使用量。

（3）下雨时注意关闭门窗并查看是否漏水。

（4）如果使用水暖，在采暖季应注意暖气设备是否漏水。

思考题

1. 木地板保养基本常识有哪些？
2. 木地板的污渍是怎样形成的？
3. 木地板清洁的方式有哪些？其各自的流程、标准、注意事项是什么？
4. 漆面、油面、木蜡油保养的操作方法和注意事项是什么？